新编
神经酸与脑健康

陈显扬　王朝东　李玖军　主编

清华大学出版社
北京

本书封面贴有清华大学出版社防伪标签，无标签者不得销售。
版权所有，侵权必究。举报：010-62782989，beiqinquan@tup.tsinghua.edu.cn。

图书在版编目（CIP）数据

新编神经酸与脑健康/陈显扬，王朝东，李玖军主编.—北京：清华大学出版社，2023.1（2025.6重印）
ISBN 978-7-302-62308-3

Ⅰ.①新… Ⅱ.①陈… ②王… ③李… Ⅲ.①脑苷脂 ②脑-保健 Ⅳ.①Q546 ②R161.1

中国国家版本馆CIP数据核字（2023）第009267号

责任编辑：孙　宇　张　超
封面设计：钟　达
责任校对：李建庄
责任印制：曹婉颖

出版发行：	清华大学出版社
网　　址：	https://www.tup.com.cn，https://www.wqxuetang.com
地　　址：	北京清华大学学研大厦A座　　邮　　编：100084
社 总 机：	010-83470000　　邮　　购：010-62786544
投稿与读者服务：	010-62776969，c-service@tup.tsinghua.edu.cn
质量反馈：	010-62772015，zhiliang@tup.tsinghua.edu.cn

印 装 者：天津鑫丰华印务有限公司
经　　销：全国新华书店
开　　本：165mm×235mm　　印　张：8.5　　字　数：132千字
版　　次：2023年3月第1版　　印　次：2025年6月第5次印刷
定　　价：68.00元

产品编号：099446-01

编委会

主 编
　　陈显扬　研究员　　中元生物科技控股集团首席科学家
　　王朝东　教授　　　首都医科大学宣武医院神经内科遗传代谢
　　　　　　　　　　　专业组主任
　　李玖军　教授　　　中国医科大学儿童医院副院长

副主编
　　黄延焱　教授　　　复旦大学附属华山医院全科医学科主任
　　马挺军　教授　　　北京农学院食品科学与工程学院副院长
　　常婷婷　副研究员　中国木本油料产业联盟秘书长
　　林　枫　副教授　　福建省三明市第一医院神经内科副主任

编　委（按姓氏拼音排序）
　　范鹏祥　教授　　　浙江大学
　　韩佳睿　助理研究员　宝枫生物科技（北京）有限公司
　　郝建云　医学博士　首都儿科研究所消化内科副主任医师
　　贺　媛　副研究员　国家卫生健康委科学技术研究所
　　胡　健　副教授　　南京农业大学
　　黄惠斌　副教授　　清华大学附属北京清华长庚医院重症医学科
　　　　　　　　　　　副主任医师
　　姜　楠　医学博士　清华大学第一附属医院普外科副主任医师
　　焦　典　副研究员　欧洲神经科学协会联盟
　　李　伟　医学博士　济南市中心医院神经内科副主任医师
　　刘睿婷　医学博士　聊城市人民医院神经内科副主任医师
　　宋　旸　医学博士　首都医科大学宣武医院神经内科副主任医师

宋王婷	助理研究员	宝枫生物科技（北京）有限公司
宋依鸽	助理研究员	宝枫生物科技（北京）有限公司
王　帆	医学博士	航天中心医院神经内科副主任医师
薛　腾	中级统计师	中关村生物医学大数据中心
张金龙	医学博士	首都医科大学附属北京同仁医院放射科

序　言

脑科学已成为21世纪最前沿的研究领域之一，特别是对脑疾病的预防、诊断和治疗，是脑科学研究的重要方向。人体大脑组成成分大约60%是脂肪，神经酸作为大脑重要的脂肪酸，是影响脑健康的关键因素之一。神经酸作为大脑中重要的长链单不饱和脂肪酸，普遍存在于大脑神经纤维中，约占长链脂肪酸总含量的35%，是神经细胞的结构性化合物之一，具有修复受损髓鞘、促进神经细胞生长和发育的作用。

目前，"神经酸对脑健康的作用"成为国内外研究的热点，不同研究团队发现神经酸及其结构性化合物在脑卒中、阿尔茨海默病、脑瘫、脑萎缩、记忆力减退以及抑郁焦虑等多种疾病中发挥重要作用。同时，神经酸天然提取物的主要来源，是我国代表性的植物——元宝枫，它也是党和国家领导人多年植树节都种植的树种。尽管如此，公众对神经酸的概念和来源，以及其价值和作用还不尽了解。因此，对神经酸的科普，尤为重要。通过宣传和普及神经酸的知识，不仅可以见证中国独特的植物提取物对人类健康的重要价值，还可以提升民众对脑健康的普遍认知。

本书以通俗易懂的语言讲述了神经酸及相关作用，为读者提供了一个全面了解神经酸及其功能的窗口，内容丰富，深入浅出，可读性强。同时，本书以充分的学术证据，反映近20年来国内外神经酸研究的最新进展。

本书首先介绍了神经酸基本概念及重要作用；其次阐述了神经酸在生物体内的分布情况，以及体内的合成途径和代谢信号通路；最后详细介绍了神经酸及其代谢物作为活性物质，在医药领域中的最新研究进展。本书由23位国内外著名学者和专家编写和审定，他们来自首都医科大学宣武医院、复旦大学附属华山医院、中国医科大学儿童医院、清华大学附属北京清华长庚医院、浙江大学、北京农学院等。希望本书能达到普及神经酸的相关知识，提高读者对脑健康的认知水平，从而实现"预防脑衰老，保持脑健康"的目的。

由于笔者水平有限，错误和疏漏在所难免，恳请专家及广大读者指教斧正，以便日后增补，修订完善。

陈显扬

二〇二二年书于北京

目 录

第一章 神经酸的概述 ·········· 1
  第一节 神经酸的概念 ·········· 1
    一、神经酸是什么 ·········· 1
    二、神经酸的基本功能 ·········· 1
  第二节 神经酸的来源 ·········· 2
    一、动植物来源 ·········· 3
    二、生物来源 ·········· 8
    三、化学合成来源 ·········· 9
  第三节 神经酸的合成与代谢 ·········· 10
    一、神经酸在生物体内的代谢途径 ·········· 10
    二、神经酸在植物体内的生物合成与脂肪酸延长酶系统 ·········· 12
    三、神经酸在基因工程中的进展 ·········· 14

第二章 神经酸的生理生化性质研究 ·········· 26
  第一节 神经酸的分离与纯化 ·········· 26
    一、元宝枫籽油的提取方式 ·········· 26
    二、神经酸的分离纯化研究进展 ·········· 28
  第二节 神经酸的生化性质 ·········· 32
    一、神经酸的化学性质 ·········· 32
    二、游离神经酸介绍 ·········· 33
    三、常见结构神经酸介绍 ·········· 33
  第三节 神经酸的测定 ·········· 37
    一、国标法测定游离神经酸 ·········· 37
    二、气相质谱方案对游离神经酸的测定 ·········· 41
    三、液相质谱方案对结构性神经酸的测定 ·········· 42

第三章 神经酸与婴幼儿大脑发育 ························· 45
第一节 神经酸对婴幼儿脑发育的影响 ························· 45
一、婴幼儿大脑发育中磷脂的脂肪酸组成 ························· 46
二、孕妇缺乏神经酸对婴儿的影响 ························· 47
三、神经酸与早产儿的发育有关 ························· 50
第二节 神经酸用于婴幼儿配方奶粉或益智保健食品 ························· 52
一、母乳中的神经酸的含量 ························· 53
二、母体 ω-3 脂肪酸补充对新生儿神经酸的影响 ························· 55
第三节 神经酸与婴幼儿疾病 ························· 57
一、神经酸与注意缺陷多动障碍 ························· 57
二、神经酸与 Zellweger 综合征 ························· 58
三、神经酸与新生儿缺血缺氧性脑病的关系 ························· 59

第四章 神经酸与脑疾病 ························· 67
第一节 神经酸与神经系统变性疾病 ························· 67
一、阿尔茨海默病 ························· 67
二、改善认知功能 ························· 69
第二节 神经酸与中枢神经系统脱髓鞘疾病 ························· 77
一、多发性硬化症 ························· 77
二、肾上腺脑白质营养不良症 ························· 81
三、脑白质疏松症 ························· 84
第三节 神经酸与脑血管疾病 ························· 85
一、急性脑梗死 ························· 85
二、脑血管及脂代谢异常疾病 ························· 86
第四节 神经酸与其他脑部疾病 ························· 88
一、帕金森病 ························· 88
二、癫痫 ························· 92
三、格林-巴利综合征 ························· 93

第五章 神经酸与其他疾病 ························· 100
第一节 重度抑郁障碍 ························· 100
第二节 失眠症 ························· 102
第三节 焦虑 ························· 104

第四节　炎症性肠病 ································· 105
　　第五节　皮肤护理及防治皮肤病 ····················· 109
　　第六节　增强免疫力 ································· 109
　　第七节　艾滋病 ······································· 110
　　第八节　肥胖症 ······································· 111
　　第九节　神经酸与肠道菌群 ·························· 113
第六章　神经酸的开发利用前景 ····························· 118
　　第一节　以神经酸为标志物的筛查试剂盒 ·········· 119
　　第二节　临床药物 ···································· 121
　　第三节　特医营养食品 ······························· 122
　　第四节　其他 ··· 123

第一章
神经酸的概述

神经酸由于最早发现于哺乳动物的神经组织而得名[1-2]。近年来，神经酸因其在神经系统发育和疾病中的独特作用，受到了国内外越来越多神经生物学和营养学方面的专家和研究者的关注。市场上富含神经酸的产品种类繁多，但对于神经酸，公众总体上还是缺乏足够的了解。那神经酸究竟是怎么回事呢？

第一节 神经酸的概念

一、神经酸是什么

神经酸（nervonic acid）别名鲨鱼酸（selacholeic acid），学名为顺-15-二十四碳单烯酸（cis-15-tetracosenic acid），化学文摘社（Chemical Abstracts Service，CAS）编号为506-37-6，是一种ω-9型的单不饱和脂肪酸。分子式为$C_{24}H_{46}O_2$，分子量为366.6，化学结构式为$CH_3-(CH_2)_7-CH=CH-(CH_2)_{13}-COOH$，纯品在常温下为白色片状晶体，能溶于醇，不溶于水，熔点39～40℃。神经酸作为生物膜的重要组成成分，主要以鞘糖脂和鞘磷脂形式存在于人体大脑白质、视网膜、精子和神经组织中[2-3]。神经酸的结构见图1-1。

二、神经酸的基本功能

神经酸是各国科学家公认的能修复疏通受损大脑神经通路——神经纤维，并促使神经细胞再生的双效物质。神经酸是大脑神经纤维和神经细胞

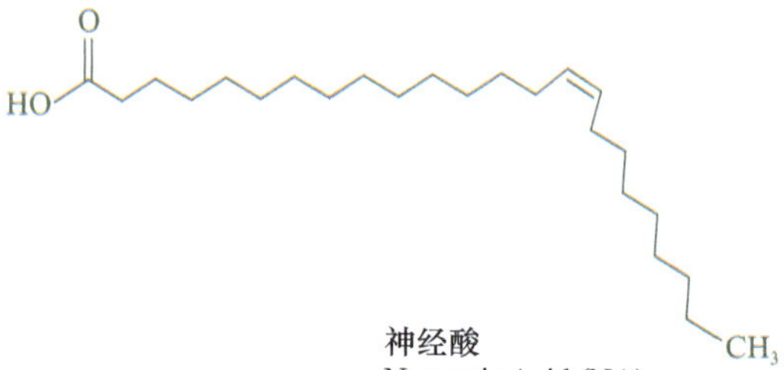

	神经酸
名称：	Nervonic Acid (NA); 24∶1Δ15; 24∶1ω-9; 顺-15-二十四碳单烯酸; 鲨鱼石油酸; 鲨鱼酸;
分子式：	$C_{24}H_{46}O_2$
分子量：	366.6
分类：	ω-9极长链单不饱和脂肪酸

图 1-1 神经酸的结构

（图片来源：Liu F, Wang P, Xiong X, et al. A review of nervonic acid production in plants: prospects for the genetic engineering of high nervonic acid cultivars plants [J]. Front Plant Sci, 2021, 12: 626625.）

的核心天然成分。神经酸的缺乏将会引起脑卒中后遗症、阿尔茨海默病、脑瘫、脑萎缩、记忆力减退、失眠健忘等脑疾病。

神经酸是母乳中存在的天然成分，可促进婴幼儿早期的髓鞘形成及大脑发育[4-5]。神经酸在开发和维护大脑以及生物合成和改善神经细胞方面起着至关重要的作用。神经酸在神经组织和脑组织中含量较高，是生物膜的重要组成成分，通常作为脑苷脂中髓质（白质）的标志物，参与生物膜有关的多种特殊生理功能。

神经酸水平降低与个体中发生精神障碍的高风险密切相关[6-7]。摄入神经酸是多种神经系统疾病的有效治疗方法，如脱髓鞘疾病[8]。神经酸还可以以剂量依赖性的方式作为人类免疫缺陷病毒1型逆转录酶（HIV-1 RT）的非竞争性抑制剂[9]。饮食中增加神经酸的摄入可改善小鼠的能量代谢，这可能是治疗肥胖症和肥胖症相关并发症的有效策略[10]。

第二节 神经酸的来源

既然神经酸对于大脑健康有如此重要的作用，那么神经酸来源于哪里？我们该如何获取呢？不同于血液、毛发这些可再生的人体组织，神经酸是难以靠人体自身合成的，所以我们只能通过体外摄取来补充神经酸。

一、动植物来源

神经酸早在19世纪20年代就被发现了。1925年，柯伦克（Klenk）教授首次从牛和人脑的脑苷脂中分离出熔点为41℃的不饱和脂肪酸，推得其分子式为$C_{24}H_{46}O_2$。1926年，日本学者石本（Tsujimoto）和三丸（Mitsumaru）从鲨鱼油中提取出神经酸，并首次确认为顺式结构，为此，又称为"鲨油酸"。1972年，辛克利亚（Sinclar）等研究发现鲨鱼大脑在严重受损后可在短时间内自我修复，这表明神经酸在促进受损脑组织中神经纤维的修复和再生方面具有特殊作用[11]。

1972年英国权威神经科教授辛克利亚（A. J. Sinclar）和克劳夫德（Crawford），提出大脑神经系统是由白质与灰质组成的，二十二碳六烯酸与二十碳四烯酸为灰质类的典型脂肪酸，神经酸为白质类的典型脂肪酸。作为脑白质的主要成分，神经酸缺乏会导致脑损伤。

国外已报道神经酸多来自鲨鱼脑组织。近几十年来，发达国家为了获取神经酸而疯狂猎杀鲨鱼。但是鲨鱼资源贫乏，又是保护动物，国际组织已明令禁止对鲨鱼的捕捞。受动物性原料的限制，神经酸提取困难，成本较高。在这种情况下，科学家一直在寻找获得神经酸的其他途径。

近代研究发现从植物中提取神经酸这一方式发展前景极好，为寻找神经酸提供了新的研究方向与思路。迄今为止，已在许多植物物种的种子中检测到神经酸，尽管在大多数物种中，神经酸占总种子油的含量不到5%。

1981年欧乞钺在木本植物蒜头果种仁油中分析鉴定出神经酸占总脂肪酸的67%，是神经酸含量最高的植物。马柏林等[12]发现了31种含有神经酸的植物，分别属于11个科16个属。由此可知，从植物中提取神经酸具有良好的发展前景，将是今后获取神经酸的重要途径之一。然而自然界中含神经酸的植物，其果实或种仁含油量、神经酸含量差异较大，所以要开发神经酸产品应从其成本考虑，选择果实含油量高、富含神经酸且资源丰富的植物作为开发神经酸的新资源。

随着油脂化学的发展，科学家们为了确定不同的槭属植物是否可以作为神经酸的产生资源，共收集了46个槭属物种的种子，每个物种随机选取100粒种子质量、油含量、脂肪酸含量、神经酸含量，然后计算出综合评价价值（W），见图1-2。

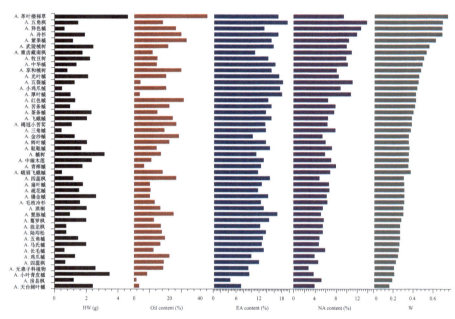

图1-2 不同槭属物种种子油含量、脂肪酸含量及神经酸资源综合评价价值

（图片来源：He X, Li D, Tian B. Diversity in seed oil content and fatty acid composition in Acer species with potential as sources of nervonic acid [J]. Plant Divers, 2021, 43 (1): 86.）

槭属，俗称"枫树"，在世界范围内约有200种，广泛分布于北温带地区。既往研究表明，不同槭属植物种子油中神经酸含量差异很大，从2.50%到8.60%不等[13]。通过研究种子油含量和脂肪酸含量之间的相关性，鉴定出可作为神经酸天然资源的槭属树种，将为今后槭属树种的开发和育种提供依据。

由于产量和油质量的问题，商业上可获得的神经酸来源主要来自于元宝枫（图1-3）。目前，元宝枫中神经酸含量为3%～9%，已成为可持续利用的神经酸新资源之一。中华人民共和国国家卫生健康委员会已经批准元

图1-3　元宝枫为神经酸生物合成提供了新的视角

(图片来源：Ma Q, Sun T, Li S, et al. The *Acer truncatum* genome provides insights into nervonic acid biosynthesis [J]. Plant J, 2020, 104 (3): 662-678.)

宝枫籽油作为新资源食品（2011年第9号公告）。

王性炎等以《中国油脂植物》为研究对象，统计分析了中国油脂植物108科，397属，974个种仁或果实含油率、脂肪酸组成。结果发现蒜头果的神经酸含量最多。但因其分布地带窄、资源量小、繁殖困难，又是濒危树种等原因，很难提供大规模生产。另外蒜头果含有的蒜头果蛋白是双链高毒性蛋白，给安全无毒蒜头果油的分离提取带来很大困难，从而进一步制约了蒜头果的生产加工[14]。元宝枫种仁的含油量超过35%，其油脂中神经酸含量为3%～9%。虽然神经酸在元宝枫籽油中所占比例并不是很突出，但是元宝枫是我国的特有种，在黄河流域、东北地区、内蒙古自治区、江苏省以及安徽省等地都有大量分布，且资源量较大。而元宝枫籽油也于2011年通过中华人民共和国国家卫生健康委员会新资源食品验收，成为目前国内唯一可批量生产神经酸的木本植物资源。

除枫树以外的植物都含神经酸吗？有研究者对含神经酸植物进行采集、调查，结果表明神经酸在蒜头果、元宝枫的种子中含量较高。从含有神经酸的植物得到结果（表1-1）。

表 1-1 富含神经酸的主要植物的种子含油量、神经酸和芥酸含量以及分布和主要问题

种类	常用名	含油量/%	总脂肪酸中神经酸含量/%	总脂肪酸中芥酸含量/%	分布	问题	参考文献
Malania olefera Chun et S. K. Lee 蒜头果	—	58.0~63.0	55.7~67.0	<13.1	我国广西西部和云南东南部	罕见；濒危、较小分布	Wang et al., 2006; Tang et al., 2013; Li et al., 2019; Xu et al., 2019
Ximenia caffra Sond. 南非海檀木	Sour Plum 橘子酸梅	40.1~65.0	5.9~11.4	0	坦桑尼亚、赞比亚、津巴布韦、博茨瓦纳、纳米比亚、莫桑比克和南非	木质素酸需要从神经酸中分离出来	Lee 1973; Venter, Venter, 1996; Chivandi et al, 2008
Acer truncatum Bunge 元宝枫	Purpleblow maple 元宝枫	45.0~48.0	3.9~7.8	<17.0	我国华北、日本、朝鲜、北美和欧洲	8~10年到期	Appelqvist. 1976; Jart. 1978; Taylor et al., 2009; Qiao et al., 2018; Ma et al., 2019, 2020
Xanthoceras sorbifolia, Xanthoceras sorbifolium Bunge 文冠果	Yellowhorn 文冠果	63.3~69.5	2.0~2.6	8.3~8.5	我国华北及东北地区	分布狭窄，为中国特有树种	Zhang et al., 2017; Li et al., 2019; Liang et al., 2019
Borago officinalis L. 琉璃苣	Borage 紫草科	30.0~40.0	<1.5	1.5~3.5	起源于伊朗和西亚的一些地中海国家，现在几乎遍布世界各地	种子成熟时粉碎	Appelqvist, 1976; Jart. 1978; El-Din and Hendawy, 2010; Hashemian et al, 2010
Cannabis sativa L. 麻根	Hemp 大麻类	26.3~37.5	3.0~8.0	1.0~14.0	起源于印度、不丹和中亚，现分布在世界各地	药物危害的风险严重制约了丁种植	Appdqvist. 1976; Jart. 1978; Krieseetal., 2004

续表

种类	常用名	含油量/%	总脂肪酸中神经酸含量/%	总脂肪酸中芥酸含量/%	分布	问题	参考文献
Cardamine graeca L 碎米荠	Bittercress 碎米荠属	12.0～13.0	45.0～54.0	9.3～10.0	地中海国家	严格的红土要求，种子破碎	Jart 1978; Taylor et al., 2009
Lunaria annua/Lunaria biennis L 银扇草	Honesty/money plant 金钱花	25.0～35.0	14.0～24.2	43.0～50.0	欧洲到西亚	两年生低产量，种子破碎	Mastebroek and Marvin, 2000; Taylor et al., 2009; Dodos et al., 2015
Tropaeolum speciosum Poepp. & Endl. 六裂旱金莲	Flame Flower	12.3～26.0	40.0～45.4	<17.0	生长在智利的稀有植物	难以获得种子和种植	Litchfield 1970; Taylor et al., 2009; Li et al., 2019
Tropaeolum majus L 荷叶七	Nasturtium 金莲花	6.0～10.0	1.0～2.0	75.0～80.0	原产于南美洲秘鲁、巴西和中国，现分布于世界温带地区	含油量低，难以获得种子和繁殖	Taylor et al., 2009

(资料来源：Liu F, Wang P, Xiong X, et al. A review of nervonic acid production in plants: prospects for the genetic engineering of high nervonic acid cultivars plants [J]. Front Plant Sci, 2021, 12: 626625.)

二、生物来源

除来自动植物以外，神经酸也可以通过微生物合成来获得，主要有微生物、真菌和细菌等。

1. 微生物来源

自然界中许多真菌都具有合成长链单不饱和脂肪酸的能力。微藻已被用作多种半工业化生产的食物来源，如DHA、虾青素、β-胡萝卜素和饲料蛋白的生产。微藻产品逐渐得到认可，培养技术也逐渐得到普及[15-16]，并建立了遗传转化和基因修饰[17-18]。因此，利用微藻或微生物作为发酵资源，半工业化生产天然神经酸是一种新趋势。

微藻中神经酸的首次报道是在一种菱形的藻类（Nitzshia cylindrus）中，该微藻的总脂肪酸中仅含有约0.74%的神经酸[19]。菌株HSO-3-1也是一种新的微藻物种，该藻是在中国东部淡水池塘采集的一种绿色微藻，其干细胞质量中含有53.9%的总脂质和3.8%的神经酸[20]。利用微藻产酸的最大优点是芥酸含量极低。目前，研究表明，通过优化混合营养培养条件，微藻生物量可以增加3倍以上。菌株QUCCCM31是从阿拉伯海湾地区分离出来的，可耐受高达45℃的温度和较宽的盐度范围。在菌株QUCCCM31中，神经酸占总脂质的9.97%，占干细胞质量的21.87%[22]微藻和该菌株QUCCCM31都适合未来的神经酸生产，在生物医学方面有潜在的应用价值。

2. 真菌和细菌

许多真菌，特别是含油质的真菌，也具有合成超长链脂肪酸的能力。高山被孢霉菌丝（*Mortierella alpinapeyron*）、纳米分生孢子菌（*Conidiobolus nanodes*）和虫蛀虫霉菌（*Entomorphthora exitalis*），产生的二十碳四烯酸（花生四烯酸）分别占总脂肪酸的11%、16%和18%。寄生沙霉菌含有丰富的多不饱和脂肪酸，包括19%的花生四烯酸和18%的二十碳五烯酸[23]。随后，在以葡萄糖为唯一碳源的发酵罐中，高山芝的花生四烯酸积累达到总脂肪酸的40%[24-25]。在过去的几十年里，已经报道了多种能够积累神经酸的丝状真菌和细菌。

Wassef等[26]在1975年报道一种植物病原丝状真菌——长丝线菌（*M.

phaseolina）中神经酸含量占总脂肪酸的16.1%~48.8%。Jantzen等[27]通过对不同土拉弗朗西斯菌（*Francisella tularensis*）菌株的脂质分析结果显示，该物种含有大量长链饱和以及单不饱和脂肪酸C20~C26，其中神经酸占11.2%~19.3%。Umemoto等[28]从日本神奈川地区采集的土壤中分离鉴定出一株丝状真菌RD000969，其神经酸含量为细胞总脂肪酸的6.94%。但是这些菌株对人和动物具有高致病性，因此不适合用于生产神经酸。

三、化学合成来源

目前从各种种仁中提取的神经酸占85%左右，难以满足市场需求，因此化学合成途径有望弥补神经酸的短缺。1930年黑尔（Hale）等以芥酸甲酯为原料合成神经酸。1953年邦兹（Bounds）等以油酸和辛二酸脂为原料合成神经酸。但以上两种利用化学合成获取神经酸的方法产率低、副产物多，不适合大量生产。熊正根等[29]在黑尔（Hale）提出的神经酸合成路线基础上进行了优化，其团队报道优化的方法可使神经酸的产率提高到85.5%，但并未标明合成产物中顺、反式结构的具体数据。其中顺式神经酸才具有生物活性。为了特异性合成顺式神经酸，刘琳等[30]对熊正根提出的合成路线再进一步进行改进，成功使顺式神经酸所占比例达90%以上。后来雷泽等发明了一种合成神经酸的新方法，以顺-13-二十二碳烯酸甲酯为原料，经一系列途径最终制得95%以上为顺式结构的神经酸。神经酸合成路线见图1-4。

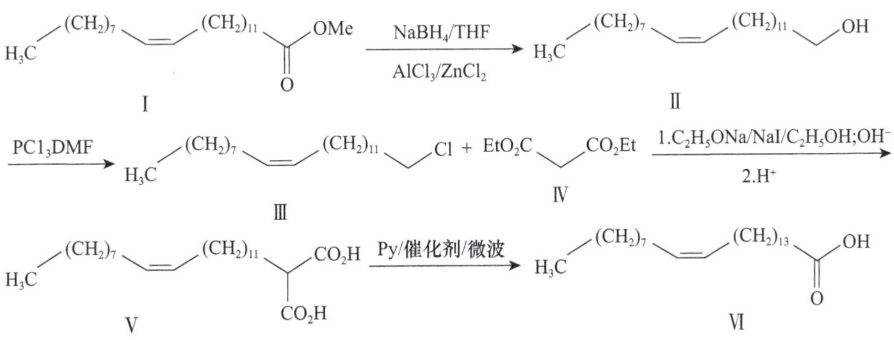

图1-4　神经酸合成路线

第三节 神经酸的合成与代谢

一、神经酸在生物体内的代谢途径

脂肪酸是人体生长和正常生理功能所必需的营养物质[31]。脂肪酸的组成与大脑的状态有很强的相关性。亚油酸（C18：2 ω-6）作为消耗最多的必需多不饱和脂肪酸，可以被拉长和去饱和，从而形成其他生物活性的ω-6多不饱和脂肪酸，如γ-亚麻酸（C18：3 ω-6）和花生四烯酸（C20：4 ω-6）[6]、DHA（C22：6 ω-3）和神经酸（C24：1 ω-9）是神经系统中最重要的脂肪酸[32]。花生四烯酸和DHA有助于神经元膜结构的形成，约占大脑干质量的20%[33]。通过亚油酸和亚麻酸的链延长和去饱和合成长链多不饱和脂肪酸的过程见图1-5。

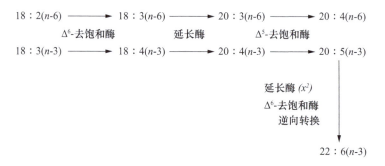

图1-5 通过亚油酸和亚麻酸的链延长和去饱和合成长链多不饱和脂肪酸

在哺乳动物体内，这些脂质的脂肪酰基可以为脂肪酸的合成、代谢和摄取提供重要信息。例如，ω-3或ω-6或两种脂肪酰基含量的增加表示细胞外脂肪酸的摄入过量或脂肪酸的氧化降低。脂肪酰基16：0脂肪酸、16：1脂肪酸、18：0脂肪酸和18：1脂肪酸的积累很大程度上表明它们在病理或生理条件下从头合成增加。双键的位置反映了从头合成途径的信息，并且可以反映出食物中包含的脂肪酸异构体。关于脂肪酸生物合成和代谢的类似信息也可以通过分析能量储存脂质的脂肪酸组成获得。

基于双键位置对脂肪酸生物合成及膳食脂肪酸成分的分析方法可通过

18∶1脂肪酸为例进行解释。大多数生物样品中主要存在三种18∶1脂肪酸异构体，即ω-7、ω-9和ω-12型18∶1异构体，其他异构体含量极少，尤其是双键在偶数位置的异构体[34]。18∶1（ω-9）异构体（通常称为"油酸"）是目前在植物及动物组织中所含单烯脂肪酸最多的一种。这种异构体也可用作含ω-9个末端结构脂肪酸合成的前体。18∶1（ω-7）异构体（一般称为"顺式异油酸"）是细菌脂质中常见的单烯脂肪酸，通常在大多数动植物组织中的含量较低。一般来讲，哺乳动物组织中存在的这种异构体是通过16∶1（ω-7）前体的延长得到的。18∶1（ω-7）异构体可以进一步延伸成含有ω-7末端结构的一系列脂肪酸。18∶1（ω-12）异构体（即岩芹酸）在伞形科植物的种子油（包括胡萝卜、欧芹和香菜）中的含量达到50%或更多[34]。因此，这种18∶1（ω-12）异构体的存在清楚地表明了哺乳动物器官从食物吸收脂肪酸的程度。总之，通过分析许多储能脂质（如甘油三酯、二酰甘油和非酯化脂肪酸）的脂肪酰基链中的双键位置，可以获得关于脂肪酸的生物合成和脂肪酸的来源等信息。哺乳动物中的长链和超长链脂肪酸的生物合成过程见图1-6。

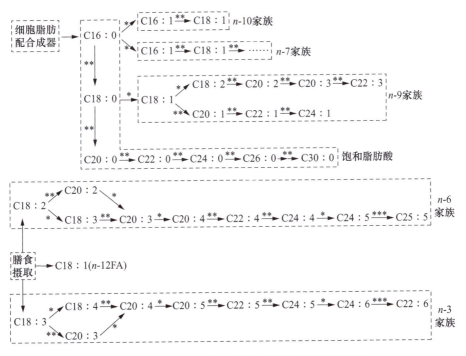

图1-6　哺乳动物中的长链和超长链脂肪酸的生物合成

C24∶1 ω-9是一种超长链脂肪酸,在人类健康,尤其是大脑发育中起着至关重要的作用。C24∶1 ω-9是磷脂酰胆碱(phosphatidylcholine,PC)、鞘磷脂(sphingomyelin,SM)、神经酰胺(ceramide,Cer)等脂质支链中主要的长链不饱和脂肪酸,其合成是髓鞘脂质稳态的限制步骤。神经纤维主要由髓鞘和轴突组成,髓鞘周围有一层厚厚的脂质层,脂质层决定了跃变信号传导的速度[35-36]。髓鞘外脂膜处于脱落和再生的动态平衡,其产生需要各种外膜脂为原料。因此,C24∶1 ω-9被认为是神经系统的结构化合物之一。体内C24∶1 ω-9产生的途径之一是通过一系列的生化反应转化其他脂肪酸;另一种方式是直接摄入C24∶1 ω-9。

二、神经酸在植物体内的生物合成与脂肪酸延长酶系统

神经酸的生物合成途径包括植物质体中的从头脂肪酸合成和脂肪酸伸长率(FAE),从油酸(18∶1 ω-9)开始,使用位于细胞质中内质网(endoplasmic reticulum,ER)膜上的四种核心酶[37-38]。随后,除了在内质网中从磷脂转化为TAG[39],神经酸还通过肯尼迪(Kennedy)途径[40]以TAG的形式组装并储存在生物体中。

脂肪酸的从头合成由脂肪酸合成酶催化,形成酶复合物。据报道,与酰基载体蛋白质(acyl carrier protein,ACP)连接的脂肪酸被延长到C16或C18的链长,然后通过脂肪酰基-ACP硫酯酶(Fat A/B)从脂肪酰基-A中释放出来[41-43],释放的脂肪酸被长链酰基辅酶A合成酶(LACS)迅速酯化,以防止它们流出细胞。

在酯化的脂肪酸(包括18∶1)被运输到细胞质后,脂肪酸被长链酰基辅酶A合成酶转化为酰基辅酶A。包括神经酸在内的超长链脂肪酸(超长链脂肪酸指22~26个碳的脂肪酸)由FAE酶复合物以酰基辅酶A的形式合成,其中包括位于ER膜上的4种核心酶[44]。FAE的每个循环从18∶1开始向酰基链中添加2个由丙二酰辅酶A提供的碳单位,并涉及4个反应。首先,丙二酰辅酶A和长链酰辅酶A由3-酮酰辅酶A合酶(KCS,有时指定为脂肪酸长化酶)缩合。其次,产生的3-氧代酰辅酶A被3-酮酰辅酶A还原酶(KCR)还原,产生3-羟基酰基辅酶A。再

次，3-羟氧酰辅酶A脱水酶（HCD）的作用导致2-烯酰辅酶A的产生。最后，2-烯酰辅酶A被反式-2，3-烯酰辅酶A还原酶（ECR）还原形成细长的酰基辅酶A）[45-47]。最后，经过3个FAE循环后，18∶1被拉长到24∶1。

这4种酶已经在拟南芥（*L. Heynh*）中进行了表征。其揭示了最后3种酶（KCR，HCD和ECR）在所有表现出超长链脂肪酸生物合成的组织中起作用，并具有广泛的底物特异性[48-52]。相比之下，KCS为FAE提供高底物和高组织特异性。蛋白质动态模拟揭示了KCS蛋白质之间结合的差异，这导致假设不同产物的特异性取决于底物结合的形状和大小[44]。因此，KCS的表达和活性决定了合成产物的量，KCS是超长链脂肪酸生物合成途径的限速酶[47, 53]。此外，有证据表明超长链脂肪酸的最终链长取决于KCS的底物特异性[44, 54]。在过去几年中，通过克隆和鉴定不同植物物种中的KCS基因，在理解超长链脂肪酸的生物合成方面取得了进展[47, 53, 55-57]。

脂肪酸主要储存为TAG，它们是中性脂质，是种子油的主要成分[58]。TAG合成从质体中输出游离脂肪酸开始，然后逐步酰化成甘油-3-磷酸（G3P）的甘油主链的sn-1，sn-2和sn-3位置[59]。甘油-3-磷酸在sn-1位置的第一次酰化被甘油-3-磷酸酰基转移酶（GPAT）催化形成溶血磷脂酸（LPA）。LPA在sn-2位置的第二次酰化被溶血脂酸酰基转移酶（LPAAT）催化形成磷脂酸（PA）。然后通过磷脂酸磷酸酶（PAP）催化所得磷脂酸的去磷酸化以形成DAG。第三个酰化反应，将DAG转化为TAG，由二酰基甘油酰基转移酶（DGAT）酶在sn-3位置使用脂肪酰基辅酶A催化。研究结果表明，神经酸只能被纳入TAG的sn-1或sn-3位置，而不是sn-2位置[60]。

以前的研究表明，MYB和bZIP转录因子参与调节脂肪酸的合成[61-62]和MYB在超长链脂肪酸生物合成中发挥了重要作用[63]。元宝枫（*Acer truncatum Bunge*）的加权基因共表达网络分析显示，MYB和bZIP转录因子参与调节神经酸生物合成[57]。最近对含有丰富神经酸的物种的基因组测序或转录组分析为研究影响神经酸产生的分子机制提供了重要的基础[53, 55, 64-65]，也是基因工程制备神经酸的支撑点。神经酸在植物体内的生物合成与脂肪酸延长酶系统见图1-7。

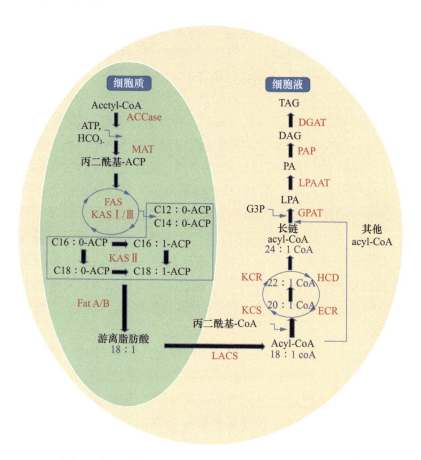

图1-7　神经酸在植物体内的生物合成与脂肪酸延长酶系统

（图片来源：Liu F, Wang P, Xiong X, et al. A review of nervonic acid production in plants: prospects for the genetic engineering of high nervonic acid cultivars plants [J]. Front Plant Sci, 2021, 12: 626625.）

三、神经酸在基因工程中的进展

1. 槭树科槭属植物元宝枫基因组

元宝枫（*Acer truncatum bunge*），槭树科槭属植物，秋季变色绚丽，观赏价值高，是我国园林绿化的主要树种，同时也是重要的多功能的木本油料树种，其籽油中含有的神经酸极其稀缺珍贵。然而，由于缺乏完整的基因组序列，限制了对元宝枫的基础研究和应用研究。槭树学科李倩中团队在国际植物学科顶尖期刊 *The Plant Journal*（即时影响因子6.141）在线发表了题为"The

Acer truncatum genome provides insights into nervonic acid biosynthesis"的研究论文[57]。通过解析元宝枫基因组的基本特征、进化地位、全基因组多倍化事件以及植物基因组进化历史，并对元宝枫中神经酸合成代谢网络和关键基因及其基因家族进行深入研究，为元宝枫种子中神经酸合成提供了新的见解[57]。

槭树团队经过几年的研究，以三代PacBio测序技术为主，结合二代Illumina和10×Genomics等测序技术对元宝枫基因组进行了测序和组装。前期流式细胞仪评估显示元宝枫基因组大小约为739.37 Mb，测序完成的基因组大小为633.28 Mb，scaffold N50值达到46.36 Mb，利用Hi-C技术成功挂载到13条染色体上（挂载率为99.44%），注释共获得28438个基因，基因组重复序列占61.75%。经过进化地位分析发现元宝枫与漾濞槭的进化分歧时间为9.4Mya。元宝枫的种子是产油的主要器官，团队对种子发育的6个时期进行细胞电镜学观察和分析，结合转录组学及油脂代谢产物变化规律特性，进行超长链脂肪酸的代谢通路分析，挖掘调控神经酸合成关键候选基因及转录因子，为神经酸的分子机制研究提供了新的见解，该研究为通过分子育种提升元宝枫农艺性状和神经酸的合成效率提供了宝贵的基因组资源。

在这项研究中，研究发现其中只有3个KCS基因（*Chr4.2307. KCS*，*Chr4.2308. KCS*，*Chr4.2311. KCS*）在神经酸生物合成的关键时期（从无到有）显著上调。此外，它们在种子中的极高表达也表明这3个KCS基因在种子发育或脂肪酸合成中起着重要作用。尽管家族成员具有显著的蛋白质相似性，但每个家族成员可能具有部分重叠甚至不同的生物学功能[66]。在以往的研究中，*L. annua*和*C. graeca*的KCS基因被克隆并异源表达，导致神经酸含量增加[67-68]。然而，异源表达KCS、KCS加KCR、KCS加HCD、KCS加ECR或KCS加KCR加HCD的植物之间的神经酸含量没有显著差异[69]，表明仅KCS对神经酸的生物合成至关重要。基于蛋白质序列的元宝枫KCS基因的系统发育树和分布KCS基因的系统发育树和分布见图1-8。

2. 蒜头果合成神经酸的相关基因

农学院张猛教授[56]团队题为"A 3-ketoacyl-Coa synthase 11（KCS11）homolog from Malaniaoleifera synthesizes nervonic acid in plants rich in 11Z-Eicosenoic acid"的文章，该研究揭示了蒜头果神经酸合成的分子机制，

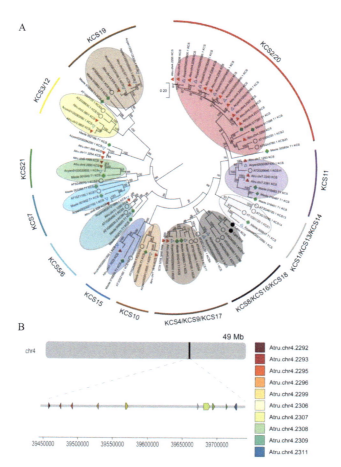

图1-8 基于蛋白质序列的元宝枫KCS基因的系统发育树和分布 KCS基因的系统发育树和分布 图A为KCS基因的最大似然树。树形图中分别显示了 *A. truncatum*（红色三角形）、*A. yangbiense*（书写三角形）、*M. oleifera*（蓝色正方形）、*A. thaliana*（书写圆圈）、*C. graeca*（Cgra）和 *L. annua*（Lann）基因，并给出了相应的基因ID命名；图B为10个KCS基因在扁桃4号染色体上的分布；每个箭头代表一个KCS基因

（图片来源：Ma Q, Sun T, Li S, et al. The *Acer truncatum* genome provides insights into nervonic acid biosynthesis [J]. Plant J, 2020, 104 (3): 662-678.）

鉴定出了蒜头果合成神经酸的相关基因，并将该基因在模式植物拟南芥和油料作物亚麻荠中成功表达，神经酸积累达到总脂肪酸的5%。

该研究通过同源克隆方法，从蒜头果发育种子中分离出两个KCS同源基因。两个KCS基因在发育中的胚胎中表达，但在果皮中未检测到。根据系统发育分析，这两个KCS分别命名为*MoKCS4*和*MoKCS11*。在拟南芥中，*MoKCS11*基因的种子特异性表达导致约5%的神经酸积累，而*MoKCS4*基因的表达在脂肪酸组分上未表现出明显变化。值得注意的是，将相同的*MoKCS11*构建载体转化两个高芥酸甘蓝型油菜品种，并未产生预期的神经酸积累。相反，*MoKCS11*基因在十字花科油脂植物亚麻荠中的过表达导致相似的神经酸积累水平，而亚麻荠中的顺-11-二十碳烯酸（20∶1）含量与拟南芥相似。因此，蒜头果*MoKCS11*可能具有对于顺-11-二十碳烯酸（20∶1）的底物偏好。该研究描述了蒜头果果实中神经酸生物合成的相关分子机制，筛选出了参与神经酸积累的候选基因，初步验证了在油料作物上应用的可行性。

收集早熟、中期和成熟三个不同发育阶段的果实，并提取全胚进行脂肪酸分析。结果表明，早期（Ⅰ期）以油酸（18∶1）、亚油酸（18∶2）和棕榈酸（16∶0）为主，11Z-二十烯酸（20∶1）、芥酸（22∶1）和神经酸（24∶1）等超长链脂肪酸为次要脂肪酸。3种主要脂肪酸（18∶1、18∶2和16∶0）随胚胎的进一步发育而显著降低，而超长链脂肪酸，尤其是神经酸，在胚发育过程中从10%大幅增加到65%左右（图1-9）。

蒜头果胚芽含有40%以上的神经酸，其种子被当地居民用于生产食用油。由于这种濒危树木只分布于非常小的地区[70-71]，将其广泛商业化用于可持续的药物或营养原料是不切实际的。了解该植物神经酸合成的分子机制，可为开发新型高神经酸作物的生物工程提供参考。MoKCS在芸苔科油料作物如亚麻荠的外源种子特异性表达，有望为高神经酸油的医疗和食品应用提供新的途径。自从在拟南芥中鉴定出*FAE1*（KCS）[47]以后，已经鉴定出来自几个植物科的KCS能够产生不同链长的超长链脂肪酸。例如jojoba *FAE*，*T. majus FAE*和*C. abyssinica FAE*主要产生22∶1[56]。在之前的研究中，已经在芸苔科中发现了两个参与超长链脂肪酸生物合成的*KCS*基因，特别是*KCS*基因[65]。这些结果为油桐神经酸生物合成过程中KCS的鉴定提供了重要的背景信息。

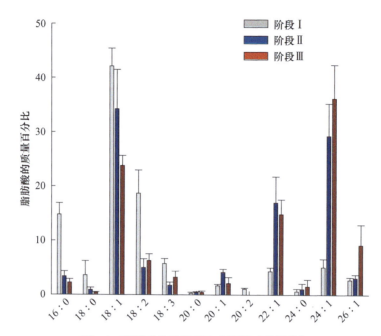

图1-9 不同发育阶段果实中脂肪酸质量分析

（图片来源：Li Z, Ma S, Song H, et al. A 3-ketoacyl-CoA synthase 11 (KCS11) homolog from Malania oleifera synthesizes nervonic acid in plants rich in 11Z-eicosenoic acid [J]. Tree Physiol, 2021, 41 (2): 331-342.）

神经酸（24：1）是一种含有二十四个碳的超长链单不饱和脂肪酸，是人体神经和大脑组织的主要成分，在食品和制药行业中具有重要的应用。我国特有保护植物铁青科乔木蒜头果（Malaniaoleifera Chun et Lee）果实中含有高达约40%的神经酸，但该濒危树种仅存在于我国广西和云南交界的特殊地貌条件下，无法直接开发利用。研究蒜头果果实中神经酸生物合成和积累的分子机制，有助于在油料作物中合成和积累神经酸。

3. 酵母中神经酸生物合成工程

超长链脂肪酸主要存在于鞘脂和GPI锚的神经酰胺骨架的酰胺键中，并在酵母细胞中发挥重要作用。脂肪酸延伸发生在内质网中，类似于线粒体或细胞质脂肪酸合酶中的反应方案。然而，关于使用酵母生产神经酸的报道很少。在酿酒酵母中过度表达KCS导致神经酸的生物合成，而神经酸通常不存在于天然酵母细胞中[72]。Guo等[73]从青蒿中分离到*KCS*基因，并在酿酒酵母中进行了功能表达，从而实现了神经酸的生物合成。近年来，工程酵母通过异位整合和外源表达来自*Crambe abyssinica*和*C. graeca*的脂肪酸延长酶，实现了神经酸的从头合成[74]。然而，工程酵母生产神经酸也面临着许多挑战，因为瓶颈限制了超长链脂肪酸的生产率。

C16和C18脂肪酸是大多数生物中脂肪酸生物合成的主要产物，它们可以被ω-9脂肪酸去饱和酶分别催化成单不饱和脂肪酸，包括棕榈油酸（C16∶1，ω-9）和油酸（C18∶1，ω-9）。最近，油脂酵母的代谢工程通过引入许多拷贝的去饱和酶基因和灭活过氧化物酶体生物发生基因*PEX10*产生了一种菌株，其产生的脂类中EPA占总脂肪酸的56.6%，积累的脂类占细胞干重的30%。这种技术平台，即途径基因的高效和平衡表达以及受损的β-氧化，为在酵母中进一步开发具有定制脂肪酸组成和其他高价值脂质产物的菌株铺平了道路[75]。然而，与长链脂肪酸去饱和酶相比，拟南芥中除AtADS1和AtADS2外，还未发现超长链脂肪酸去饱和酶在ω-9位点催化双键的引入[76]。因此，适用于长链脂肪酸和极长链多不饱和脂肪酸的相同去饱和策略可能不适用于超长链单不饱和脂肪酸（VLCMFA）。关于分离参与神经酸形成的脂肪酸延长酶基因的报道也是有限的。因此，需要鉴定新的去饱和酶和延伸酶来从植物、真菌和酵母中产生神经酸。

此外，酵母的脂肪酸生物合成对不断增长的环境变化表现出强烈的反应。柠檬酸是三羧酸循环（tricarboxylic acid cycle）的中间代谢产物，其对微生物的影响可能是神经酸高产的瓶颈。已经发现柠檬酸抑制酵母的生长和脂肪酸生物合成南酿酒酵母和贝氏接合酵母[77]。平衡柠檬酸和脂肪酸生物合成途径的策略对于提高神经酸生产率是重要的。

随着代谢工程和合成生物学的迅速发展，在微生物中异源性生物合成长链单不饱和脂肪酸成为一种很有前途的途径。

参 考 文 献

[1] SINCLAIR A J, CRAWFORD M A. The incorporation of linolenic aid and docosahexaenoic acid into liver and brain lipids of developing rats [J]. FEBS Lett, 1972, 26 (1): 127-129.

[2] POULOS A. Very long chain fatty acids in higher animals-a review [J]. Lipids, 1995, 30 (1): 1-14.

[3] MERRILL A H JR, SCHMELZ E M, WANG E, et al. Importance of sphingolipids and

inhibitors of sphingolipid metabolism as components of animal diets [J]. J Nutr, 1997, 127 (5 Suppl): 830S-833S.

[4] NTOUMANI E, STRANDVIK B, SABEL K G. Nervonic acid is much lower in donor milk than in milk from mothers delivering premature infants—of neglected importance? [J]. Prostaglandins Leukot Essent Fatty Acids, 2013, 89 (4): 241-244.

[5] YU J, YUAN T, ZHANG X, et al. Quantification of nervonic acid in human milk in the first 30 days of lactation: influence of lactation stages and comparison with infant formulae [J]. Nutrients, 2019, 11 (8).

[6] AMMINGER G P, SCHÄFER M R, KLIER C M, et al. Decreased nervonic acid levels in erythrocyte membranes predict psychosis in help-seeking ultra-high-risk individuals [J]. Mol Psychiatry, 2012, 17 (12): 1150-1152.

[7] VOZELLA V, BASIT A, MISTO A, et al. Age-dependent changes in nervonic acid-containing sphingolipids in mouse hippocampus [J]. Biochim Biophys Acta Mol Cell Biol Lipids, 2017, 1862 (12): 1502-1511.

[8] LEWKOWICZ N, PIĄTEK P, NAMIECIŃSKA M, et al. Naturally occurring nervonic acid ester improves myelin synthesis by human oligodendrocytes [J]. Cells, 2019, 8 (8).

[9] KASAI N, MIZUSHINA Y, SUGAWARA F, et al. Three-dimensional structural model analysis of the binding site of an inhibitor, nervonic acid, of both DNA polymerase beta and HIV-1 reverse transcriptase [J]. J Biochem, 2002, 132 (5): 819-828.

[10] KEPPLEY L, WALKER S J, GADEMSEY A N, et al. Nervonic acid limits weight gain in a mouse model of diet-induced obesity [J]. FASEB J, 2020, 34 (11): 15314-15326.

[11] 王性炎, 王姝清. 神经酸研究现状及应用前景 [J]. 中国油脂, 2010, 35 (3): 1-5.

[12] 马柏林, 梁淑芳, 赵德义, 等. 含神经酸植物的研究 [J]. 西北植物学报, 2004, 24 (12): 2362-2365.

[13] SUN J, WANG X, SMITH M A. Identification of n-6 Monounsaturated Fatty Acids in Acer Seed Oils [J]. J Am Oil Chem Soc, 2018, 95 (1): 21.

[14] 蒲定福, 冯自伟, 郑仁健, 等. 神经酸来源新方向的探讨 [J]. 中国油脂, 2021, 46 (8): 76-80, 86.

[15] MICHALAK I, CHOJNACKA K. Algae as production systems of bioactive compounds [J]. Engineering in Life Sciences, 2015, 15 (2): 160-176.

[16] YUAN C, ZHENG Y, ZHANG W, et al. Lipid accumulation and anti-rotifer robustness of microalgal strains isolated from Eastern China [J]. J Appl Phycol, 2017, 29 (6): 2789.

[17] GUIHÉNEUF F, KHAN A, TRAN L S. Genetic engineering: a promising tool to

engender physiological, biochemical, and molecular stress resilience in green microalgae [J]. Front Plant Sci, 2016, 7: 400.

[18] WANG Q, LU Y, XIN Y, et al. Genome editing of model oleaginous microalgae *Nannochloropsis* spp. by CRISPR/Cas9 [J]. Plant J, 2016, 88 (6): 1071-1081.

[19] NICHOLS P D, PALMISANO A C, SMITH G A, et al. Lipids of the antarctic sea ice diatom nitzschia cylindrus [J]. Phytochemistry, 1986, 25 (7): 1649.

[20] YUAN C, LIU J, FAN Y, et al. Mychonastes afer HSO-3-1 as a potential new source of biodiesel [J]. Biotechnol Biofuels, 2011, 4 (1): 47.

[21] YUAN C, XU K, SUN J, et al. Ammonium, nitrate, and urea play different roles for lipid accumulation in the nervonic acid—producing microalgae Mychonastes afer HSO-3-1 [J]. J Appl Phycol, 2018, 30 (2): 793.

[22] SAADAOUI I, AL GHAZAL G, BOUNNIT T, et al. Evidence of thermo and halotolerant nannochloris isolate suitable for biodiesel production in qatar culture collection of cyanobacteria and microalgae [J]. Algal Research, 2016, 14: 39.

[23] KENDRICK A, RATLEDGE C. Lipids of selected molds grown for production of n-3 and n-6 polyunsaturated fatty acids [J]. Lipids, 1992, 27 (1): 15-20.

[24] TAKENO S, SAKURADANI E, MURATA S, et al. Molecular evidence that the rate-limiting step for the biosynthesis of arachidonic acid in Mortierella alpina is at the level of an elongase [J]. Lipids, 2005, 40 (1): 25-30.

[25] WYNN J P, RATLEDGE C. Evidence that the rate-limiting step for the biosynthesis of arachidonic acid in Mortierella alpina is at the level of the 18∶3 to 20∶3 elongase [J]. Microbiology (Reading), 2000, 146 (Pt 9): 2325-2331.

[26] WASSEF M K, AMMON V, WYLLIE T D. Polar lipids of Macrophomina phaseolina [J]. Lipids, 1975, 10 (3): 185.

[27] JANTZEN E, BERDAL B P, OMLAND T. Cellular fatty acid composition of Francisella tularensis [J]. J Clin Microbiol, 1979, 10 (6): 928-930.

[28] UMEMOTO H, SAWADA K, KURATA A, et al. Fermentative production of nervonic acid by Mortierella capitata RD000969 [J]. J Oleo Sci, 2014, 63 (7): 671-679.

[29] 熊正根, 蔡珪. 环十五内酯的合成 [J]. 南昌大学学报 (理科版), 1993, 17 (2): 75-78.

[30] 刘琳, 席亮, 董莹, 等. (Z)-15-二十四碳烯酸的选择性合成 [J]. 云南大学学报 (自然科学版), 2010, 32 (3): 329-332.

[31] WHELAN J, FRITSCHE K. Linoleic acid [J]. Adv Nutr, 2013, 4 (3): 311-312.

[32] RICHARDSON A J, PURI B K. The potential role of fatty acids in attention-deficit/hyperactivity disorder [J]. Prostaglandins Leukot Essent Fatty Acids, 2000, 63 (1-2):

79-87.

[33] BABIN F, SARDA P, LIMASSET B, et al. Nervonic acid in red blood cell sphingomyelin in premature infants: an index of myelin maturation? [J]. Lipids, 1993, 28 (7): 627-630.

[34] EYRES L. Lipid analysis-isolation, separation, identification and lipidomic analysis, 4th edition [J]. Food New ZealandFood New Zealand, 2010, 10 (3): 31.

[35] HAAS H, OLIVEIRA C L, TORRIANI I L, et al. Small angle x-ray scattering from lipid-bound myelin basic protein in solution [J]. Biophys J, 2004, 86 (1 Pt 1): 455-460.

[36] CHIVANDI E, DAVIDSON B C, ERLWANGER K H. A comparison of the lipid and fatty acid profiles from the kernels of the fruit (nuts) of Ximenia caffra and Ricinodendron rautanenii from Zimbabwe [J]. Industrial Crops and Products, 2008, 27 (1): 29.

[37] ZAKIM D, HERMAN R H. Regulation of fatty acid synthesis [J]. Am J Clin Nutr. 1969, 22 (2): 200-213.

[38] BAUD S, LEPINIEC L. Regulation of de novo fatty acid synthesis in maturing oilseeds of Arabidopsis [J]. Plant Physiol Biochem, 2009, 47 (6): 448-455.

[39] BATES P D, DURRETT T P, OHLROGGE J B, et al. Analysis of acyl fluxes through multiple pathways of triacylglycerol synthesis in developing soybean embryos [J]. Plant Physiol, 2009, 150 (1): 55-72.

[40] KENNEDY E P. Biosynthesis of complex lipids [J]. Fed Proc, 1961, 20: 934-940.

[41] BONAVENTURE G, SALAS J J, POLLARD M R, et al. Disruption of the FATB gene in Arabidopsis demonstrates an essential role of saturated fatty acids in plant growth [J]. Plant Cell, 2003, 15 (4): 1020-1033.

[42] WU G Z, XUE H W. Arabidopsis β-ketoacyl- [acyl carrier protein] synthase i is crucial for fatty acid synthesis and plays a role in chloroplast division and embryo development [J]. Plant Cell, 2010, 22 (11): 3726-3744.

[43] TJELLSTRÖM H, STRAWSINE M, SILVA J, et al. Disruption of plastid acyl: acyl carrier protein synthetases increases medium chain fatty acid accumulation in seeds of transgenic Arabidopsis [J]. FEBS Lett, 2013, 587 (7): 936-942.

[44] HASLAM T M, KUNST L. Extending the story of very-long-chain fatty acid elongation [J]. Plant Sci, 2013, 210: 93-107.

[45] BLACKLOCK B J, JAWORSKI J G. Studies into factors contributing to substrate specificity of membrane-bound 3-ketoacyl-CoA synthases [J]. Eur J Biochem, 2002, 269 (19): 4789-4798.

[46] SALAS J J, MARTÍNEZ-FORCE E, GARCÉS R. Very long chain fatty acid synthesis in sunflower kernels [J]. J Agric Food Chem, 2005, 53 (7): 2710-2716.

[47] HUAI D, ZHANG Y, ZHANG C, et al. Combinatorial effects of fatty acid elongase enzymes on nervonic acid production in camelina sativa [J]. PLoS One, 2015, 10 (6): e0131755.

[48] ZHENG H, ROWLAND O, KUNST L. Disruptions of the arabidopsis Enoyl-CoA reductase gene reveal an essential role for very-long-chain fatty acid synthesis in cell expansion during plant morphogenesis [J]. Plant Cell, 2005, 17 (5): 1467-1481.

[49] PAUL S, GABLE K, BEAUDOIN F, et al. Members of the arabidopsis FAE1-like 3-ketoacyl-CoA synthase gene family substitute for the Elop proteins of Saccharomyces cerevisiae [J]. J Biol Chem, 2006, 281 (14): 9018-9029.

[50] BACH L, MICHAELSON LV, HASLAM R, et al. The very-long-chain hydroxy fatty acyl-CoA dehydratase PASTICCINO2 is essential and limiting for plant development [J]. Proc Natl Acad Sci U S A, 2008, 105 (38): 14727-14731.

[51] JOUBÈS J, RAFFAELE S, BOURDENX B, et al. The VLCFA elongase gene family in Arabidopsis thaliana: phylogenetic analysis, 3D modelling and expression profiling [J]. Plant Mol Biol, 2008, 67 (5): 547-566.

[52] BEAUDOIN F, WU X, LI F, et al. Functional characterization of the Arabidopsis beta-ketoacyl-coenzyme A reductase candidates of the fatty acid elongase [J]. Plant Physiol, 2009, 150 (3): 1174-1191.

[53] YANG T, YU Q, XU W, et al. Transcriptome analysis reveals crucial genes involved in the biosynthesis of nervonic acid in woody Malania oleifera oilseeds [J]. BMC Plant Biol, 2018, 18 (1): 247.

[54] MILLAR A A, KUNST L. Very-long-chain fatty acid biosynthesis is controlled through the expression and specificity of the condensing enzyme [J]. Plant J, 1997, 12 (1): 121-131.

[55] WANG R, LIU P, FAN J, et al. Comparative transcriptome analysis two genotypes of Acer truncatum Bunge seeds reveals candidate genes that influences seed VLCFAs accumulation [J]. Sci Rep, 2018, 8 (1): 15504.

[56] LI Z, MA S, SONG H, et al. A 3-ketoacyl-CoA synthase 11 (KCS11) homolog from Malania oleifera synthesizes nervonic acid in plants rich in 11Z-eicosenoic acid [J]. Tree Physiol, 2021, 41 (2): 331-342.

[57] MA Q, SUN T, LI S, et al. The *Acer truncatum* genome provides insights into nervonic acid biosynthesis [J]. Plant J, 2020, 104 (3): 662-678.

[58] KAUP M T, FROESE C D, THOMPSON J E. A role for diacylglycerol acyltransferase during leaf senescence [J]. Plant Physiol, 2002, 129 (4): 1616-1626.

[59] LACEY D J, HILLS M J. Heterogeneity of the endoplasmic reticulum with respect to lipid synthesis in developing seeds of Brassica napus L [J]. Planta, 1996, 199 (4): 545-551.

[60] FAN Y, YUAN C, JIN Y, et al. Characterization of 3-ketoacyl-coA synthase in a nervonic acid producing oleaginous microalgae Mychonastes afer [J]. Algal Research, 2018, 31: 225.

[61] YAMAMOTO A, KAGAYA Y, TOYOSHIMA R, et al. Arabidopsis NF-YB subunits LEC1 and LEC1-LIKE activate transcription by interacting with seed-specific ABRE-binding factors [J]. Plant J, 2009, 58 (5): 843-856.

[62] RONG S, WU Z, CHENG Z, et al. Genome-Wide Identification, Evolutionary Patterns, and Expression Analysis of bZIP Gene Family in Olive (Olea europaea L.) [J]. Genes (Basel) , 2020, 11 (5): 510.

[63] RAFFAELE S, VAILLEAU F, LÉGER A, et al. A MYB transcription factor regulates very-long-chain fatty acid biosynthesis for activation of the hypersensitive cell death response in Arabidopsis [J]. Plant Cell, 2008, 20 (3): 752-767.

[64] LIANG Q, LI H, LI S, et al. The genome assembly and annotation of yellowhorn (Xanthoceras sorbifolium Bunge) [J]. Gigascience, 2019, 8 (6): 71.

[65] XU C Q, LIU H, ZHOU S S, et al. Genome sequence of Malania oleifera, a tree with great value for nervonic acid production [J]. Gigascience, 2019, 8 (2): 164.

[66] DANILEVSKAYA O N, MENG X, HOU Z, et al. A genomic and expression compendium of the expanded PEBP gene family from maize [J]. Plant Physiol, 2008, 146 (1): 250-264.

[67] PAMPLONA R, DALFÓ E, AYALA V, et al. Proteins in human brain cortex are modified by oxidation, glycoxidation, and lipoxidation. Effects of Alzheimer disease and identification of lipoxidation targets [J]. J Biol Chem, 2005, 280 (22): 21522-21530.

[68] TANAKA K, SHIMIZU T, OHTSUKA Y, et al. Early dietary treatments with Lorenzo's oil and docosahexaenoic acid for neurological development in a case with Zellweger syndrome [J]. Brain Dev, 2007, 29 (9): 586-589.

[69] AMMINGER G P, SCHÄFER M R, KLIER C M, et al. Decreased nervonic acid levels in erythrocyte membranes predict psychosis in help-seeking ultra-high-risk individuals [J]. Mol Psychiatry, 2012, 17 (12): 1150-1152.

[70] TAYLOR D C, FRANCIS T, GUO Y, et al. Molecular cloning and characterization of a KCS gene from Cardamine graeca and its heterologous expression in Brassica oilseeds to engineer high nervonic acid oils for potential medical and industrial use [J]. Plant Biotechnol J, 2009, 7 (9): 925-938.

[71] JAMES D W J R, LIM E, KELLER J, et al. Directed tagging of the arabidopsis fatty acid elongation1 (FAE1) gene with the maize transposon activator [J]. Plant Cell, 1995, 7 (3): 309-319.

[72] ROSSAK M, SMITH M, KUNST L. Expression of the FAE1 gene and FAE1 promoter activity in developing seeds of Arabidopsis thaliana [J]. Plant Mol Biol, 2001, 46 (6): 717-725.

[73] GUO Y, MIETKIEWSKA E, FRANCIS T, et al. Increase in nervonic acid content in transformed yeast and transgenic plants by introduction of a Lunaria annua L. 3-ketoacyl-CoA synthase (KCS) gene [J]. Plant Mol Biol, 2009, 69 (5): 565-575.

[74] LASSNER M W, LARDIZABAL K, METZ J G. A jojoba beta-Ketoacyl-CoA synthase cDNA complements the canola fatty acid elongation mutation in transgenic plants [J]. Plant Cell, 1996, 8 (2): 281-292.

[75] MARILLIA E, FRANCIS T, FALK K C, et al. Palliser's promise: brassica carinata, an emerging western canadian crop for delivery of new bio-industrial oil feedstocks [J]. Biocatal Agric Biotechnol, 2014, 3 (1): 65-74.

[76] MILLAR A A, CLEMENS S, ZACHGO S, et al. CUT1, an Arabidopsis gene required for cuticular wax biosynthesis and pollen fertility, encodes a very-long-chain fatty acid condensing enzyme [J]. Plant Cell, 1999, 11 (5): 825-838.

[77] TODD J, POST-BEITTENMILLER D, JAWORSKI J G. KCS1 encodes a fatty acid elongase 3-ketoacyl-CoA synthase affecting wax biosynthesis in Arabidopsis thaliana [J]. Plant J, 1999, 17 (2): 119-130.

第二章
神经酸的生理生化性质研究

第一节 神经酸的分离与纯化

一、元宝枫籽油的提取方式

元宝枫籽油是从元宝枫树种的翅果中提取的一种优质木本植物油。元宝枫种仁含油率高达48%，机榨出油率约为35%，是菜籽油出油率（12.5%）的3倍左右。同时，不饱和脂肪酸含量也高达92%，且必需的脂肪酸含量为53%，品质优良，在食用植物油中很少见[1]。

目前最常见萃取元宝枫籽油的方法有冷榨法、有机溶剂浸出法、水酶法、超临界流体萃取法等。

1. 冷榨法

冷榨法是仅采用物理或机械作用获取油脂的方法。通过机械压榨的方式将未蒸炒的油料直接压榨获得油脂，压榨过程中保证较低的料温。由于压榨的整个过程都保证在低温下进行，所获得冷榨油仅通过过滤就可以满足食用油的标准，无须进一步精炼，此法绿色环保，适合含油量较高的油料。冷榨法的优缺点见表2-1。

表2-1 冷榨法的优缺点

优点	缺点
提取效率高，操作简单，安全性好	压榨一次很难压榨干净，往往需要二次压榨
在工艺条件、操作时间、处理量上优于超临界CO_2萃取法	
提取的油脂去除杂质后即满足食用油脂的要求	
冷榨法在氧化稳定性、维生素E的含量等方面优于超临界CO_2萃取法	
冷榨法有相对较高的油脂得率	

2. 有机溶剂浸出法

浸出法是利用有机溶剂溶解油脂达到提取目的的一种方法。用正己烷等有机溶剂将油料破碎压成胚片中的油脂萃取溶解出来，然后通过采用旋转蒸发仪脱除油脂中溶剂。得到的毛油需经过进一步的精炼处理，才能达到食用油的标准。有机溶剂浸出法的优缺点见表2-2。

表2-2 有机溶剂浸出法的优缺点

优点	缺点
无论是直接浸出还是预榨浸出，残油率控制在1%以下	溶剂大多易燃易爆，具有一定毒性，生产安全性较差
相关工序的操作温度较低，蛋白质的变性程度小	浸出毛油中含非油物质较多，易致癌，食用安全性较差
生产成本较低，机械化程度较高	油的颜色较深，观感不好

3. 水酶法

水酶法是先采用机械破碎的方法将油料尽可能地碎裂成更小的粒径，然后加入酶（蛋白酶、淀粉酶、果胶酶、维生素酶等）来降低植物细胞壁来获得油脂的方法。由于非油成分对油和水的亲和力不同以及油水比重不同，将非油成分和油分开。水酶法的优缺点见表2-3。

表2-3 水酶法的优缺点

优点	缺点
可去除原始提取技术中的黄曲霉菌和3、4苯并芘等有害物质	水酶法工艺的蛋白提取率不高，一定程度上造成蛋白质资源浪费
不添加化学抗氧化剂，达到原生态	乳化体系中油的回收在设备及技术上都存在困难，限制了水酶法提油技术的应用
设备操作安全、简单，不仅可以提高效率，而且所得的毛油质量高、色泽浅、易于精炼	残渣利用需要较大的能源
该技术处理条件温和，能生产出脱毒的蛋白产品	
生产过程相对能耗低，废水中生化需氧量（BOD）与化学需氧量（COD）值大为下降，污染少，易于处理	

4. 超临界流体萃取法

超临界流体萃取法（supercritical fluid extraction，SFE）是利用处于临界温度（T_c）和临界压力（P_c）以上的单一相态物质（超临界流体）作为溶剂，从固体或液体中萃取出某些有效组分，并进行分离的一种方法。超临界流体（SF）兼具气体与液体两种状态的性质，其密度与液体相近，而黏度与气体相近，因此扩散能力强。超临界流体萃取法的优缺点见表2-4。

表2-4 超临界流体萃取法的优缺点

优点	缺点
简便、高效、无有机溶剂残留	对脂溶性成分溶解能力强，而对水溶性成分溶解能力弱，适用成分为脂溶性成分
安全，无污染	设备造价高，成本高
因萃取温度低，适用于对热不稳定物质的提取	更换产品时设备清洗困难
萃取介质的溶解特性容易改变，在一定温度下只需改变其压力	
还可加入夹带剂，改变萃取介质的极性来提取极性物质	
适于极性较大和分子量较大物质的萃取	
萃取介质可循环利用，成本低	
可与其他色谱技术联用及红外光谱（IR）、质谱（MS）联用，可高效快速地分析中药及其制剂中的有效成分	

二、神经酸的分离纯化研究进展

目前获得神经酸的方法主要有化学合成法、生物合成法以及生物提纯法。王性炎等采用最经典的神经酸合成方法，即以芥酸甲酯或以油酸和辛二酸脂为原料进行神经酸的合成[2]。神经酸的化学合成不仅产率不高、副产物较多，且工艺路线也比较复杂，除此之外，还可能引入其他杂质。神经酸的生物合成法是利用基因编辑技术促使神经酸在生物体内积累。Xu等[3]发现在 Mychonastes afer HSO-3-1r 细胞的不同生长阶段添加生物活性剂（如1-萘乙酸和茶多酚）可以增加神经酸的积累。但是目前从天然植物中分离、提纯神经酸仍然是国内外学者重点关注的领域，其主要方法有以下几种：

1. 金属盐沉淀法

金属盐沉淀法多采用钠盐-乙醇体系与油脂发生皂化反应。首先将混合脂肪酸转变成脂肪酸盐，其次根据不同碳链长度和不同饱和度的脂肪酸盐在有机溶剂中的溶解度不同而将脂肪酸盐分开，最后进行酸化处理。侯镜德等通过此法获得了含量较高的神经酸[3]。由于金属盐沉淀法在纯化过程中需使用大量有机溶剂，因此存在溶剂残留问题。

2. 重结晶法

利用混合脂肪酸中各成分在溶剂中结晶温度及溶解度的不同而进行分离的方法，称为结晶法。结晶分离脂肪酸的方法主要有自然结晶法、低温溶剂结晶法、尿素包合法、萃取结晶法、乳液结晶法及分步结晶法等[4]。熊德元等[5]采用低温结晶法，利用石油与10%无水乙醇的混合液为溶剂提取蒜头果油中的神经酸，且对比了3种常用溶剂的分离效果。结果表明：结晶温度-12℃，结晶时间两小时，可以将神经酸的纯度提高到75.39%，且油酸和芥酸含量大幅降低，前者从27.19%降到7.94%，后者从14.83%降到5.13%。神经酸在无水乙醇、石油醚、汽油中的溶解度随温度变化而变化，在乙醇中最大，石油醚次之，汽油最小；使用石油醚或无水乙醇其中一种单一溶剂进行结晶分离效果较好，而汽油较差；按一定比例混合的溶剂对神经酸的分离比单组分溶剂的效果更好，且石油醚与无水乙醇的混合溶剂分离效果最佳。郝旭亚[4]采用重结晶的方法对脂肪酸进行3次处理，获得的神经酸纯度为82.99%。

在不同温度下，不同物质的溶解度不同，可以通过结晶法在粗提的脂肪酸混合物中分离纯化神经酸。神经酸产物的提取主要受溶剂类型的影响，它的回收率和纯度除溶剂类型外还受其他因素的影响，如料液比、冷却温度、结晶温度及结晶速度等。重结晶法的优点是设备简单，操作方便，条件温和，且产品不易氧化等。采用金属盐沉淀法或重结晶法都可以提高神经酸的纯度，但都存在溶剂残留的问题，因此效果不够理想。在实际生产中，还需要考虑到分离效率、能耗、有机溶剂的回收利用等问题。

3. CO_2超临界萃取法

超临界萃取法是以超临界状态下的流体作为萃取剂，利用超临界流体兼有气、液两重性的特点，从液体或固体中分离出有效成分的方法。超临界流体萃取法不仅兼具萃取和分离的双重作用，而且工艺流程简单、萃取效率高。与传统的溶剂萃取相比，通过该方法获得的产品质量好且没有机溶剂残留，除此之外，还有无环境污染的优势。CO_2因其本身无毒、无腐蚀、临界条件适中的特点，成为超临界萃取法首选使用的超临界流体。超临界萃取脂肪酸是根据脂肪酸的饱和度及碳链长度的不同，从而使其在油相和超临界流体中的分配系数不同而对其进行分离的。超临界流体萃取，主要用来分离碳链长度相差较大的脂肪酸，对于相同碳链长度，饱和度不同的脂肪酸的分离效率较低，因此还需考虑与饱和度敏感的分离技术结合使用。

王建民[6]在90℃、27 MPa的条件下对粉碎的蒜头果进行CO_2超临界萃取，采用乙醇做夹带剂，得到粗神经酸甘油酯，再进行皂化、酸化反应得到游离形式的粗神经酸，使其与溶液分离，然后控制温度在45℃，并加入适量的硫酸镁、十二烷基苯磺酸钠及水，对其进行离心分离、结晶、干燥，最后制得纯度为96%的神经酸产品，回收率达90%。但由于蒜头果原料资源不够丰富，所以限制了该工艺的工业应用。但该工艺可应用于其他植物，如元宝枫种仁的神经酸提取，该项技术将是今后神经酸量产的重要手段。

4. 尿素包合法

尿素包合法常用于分离多价不饱和脂肪酸。尿素能够与饱和脂肪酸和单不饱和脂肪酸相结合，从而形成稳定的混合物结晶。而多不饱和脂肪酸由于双键和弯曲的碳链的结构，因此难以进入结晶体中。采用过滤的方法除去饱和脂肪酸和单不饱和脂肪酸与尿素形成的包合物，就可得到较高纯度的多价不饱和脂肪酸。徐文晖等[7]对元宝枫籽油所得的混合脂肪酸甲酯进行尿素包合分离神经酸甲酯的研究中，选用脂肪酸甲酯/尿素/甲醇＝1∶3∶9，包合温度为-10℃，包合时间为20 h，所得的神经酸甲酯的分离效果最好。通过两次尿素包合，神经酸甲酯的质量分数从5.48%提高到17.10%，但在尿素包合过程中存在溶剂残留的问题。郭莹莹等[8]以低温压榨制取的文冠果油为原料，研究了尿素包合法富集文冠果油中神经酸的工艺条件和效果。利用尿素包合法对文冠果油中神经酸进行富集，在尿脂比1∶1，料液比1∶10、包合温度10℃、包合时间8 h的优化工艺条件下，文冠果油中的神经酸含量从2.59%升高到了9.49%，神经酸含量提高了约3倍，且回收率达到74.01%。

芥酸与神经酸均为ω-9型长链单烯脂肪酸，结构相近，因此神经酸提纯的难点之处就是与芥酸的分离。张元等[9]通过二级分子蒸馏得到的神经酸乙酯初级产品中神经酸乙酯与芥酸乙酯含量分别为48.79%和46.80%，然后利用尿素包合法在二级分子蒸馏后的脂肪酸乙酯中提取神经酸，在脂肪酸乙酯：尿素：甲醇为1：5：35、包合温度35℃、包合时间8 h的条件下，经过两次尿素包合处理，得到神经酸乙酯含量为66.21%的产品，其中芥酸含量降到33.28%。尿素包合法虽然操作简单，适合工业化生产，但产品中的神经酸相对含量并不高，且存在溶剂残留问题。

5. 分子蒸馏法

分子蒸馏是利用不同物质分子运动和平均自由程的差别实现分离的一种特殊的液-液分离技术。由于轻、重组分的自由程不同，轻组分会最先从液体中挥发到冷凝管上而被收集，重组分则沿壁流出，从而实现不同物质的分离。罗永珠等[10]首次将分子蒸馏技术用于神经酸乙酯的分离研究。他首先对元宝枫油进行脱酸、除去油脚和脱除水分的处理，然后对所得产物进行乙酯化反应，经过水洗、分离得到混合脂肪酸乙酯，之后选用不同的压力及蒸馏温度对其进行了六级分子蒸馏，最后得到质量分数在50%以上的神经酸乙酯。徐明辉等[11]用分子蒸馏法对神经酸乙酯进行制取，在不同的真空度及温度下进行六级分子蒸馏，获得了含量为50%以上的神经酸乙酯，同时脱去了芥酸和部分木焦油酸。罗永珠等[10]将元宝枫籽油乙酯化后在不同的真空度及温度下进行了六级分子蒸馏，得到含量为50%的神经酸乙酯。郝旭亚[4]利用分子蒸馏的去轻取重法，得到重组分中神经酸乙酯的含量为87.03%。分子蒸馏法提取神经酸操作简单，避免了以往工艺中水洗造成的易乳化问题，并在一定程度上降低了生产成本。呼晓姝[12]以元宝枫油脂中混合脂肪酸为原料进行分子蒸馏，经过四级分子蒸馏可以将原料中的神经酸由原来的6.07%提纯至41.62%，含量提高到原来的7倍，质量收率为36.5%。

使用刮膜式分子蒸馏设备提纯神经酸的方法操作简便，分离效率高，产品不易产生分解变质，容易实现工业化生产。而元宝枫混合脂肪酸经过四级蒸馏之后，神经酸的纯度较高，且分离效果明显。但若综合质量收率考虑，原料利用率较低。

6. 高速逆流色谱法

高速逆流色谱是一种具有样品无损失、无污染、高效、快速和大制备量分离等优点的液-液色谱分离技术。已被广泛应用于中药成分分离、保健食品、生物化学、天然产物化学、有机合成等领域，此法对于神经酸的纯化具有较大的发展潜能。赵艳等[13]采用CO_2超临界萃取元宝枫籽油，再采用正己烷、乙醇和水组成的三元溶剂系统，在流速为3.5 mL/min，转速为850 rad，正己烷、乙醇、水的比例为6∶5∶1.5的条件下，得到纯化元宝枫神经酸的纯度为18.05%。

通过以上几种神经酸的分离提纯工艺的比较，金属盐沉淀法虽然得到的神经酸的纯度高，但其提高率并不高，且存在溶剂残留问题。重结晶法所得的神经酸的纯度提高率也不高，CO_2超临界萃取法制得的神经酸的纯度最高，但工艺流程复杂。尿素包合法制得的神经酸的纯度并不高，且存在溶剂残留等问题。分子蒸馏法提纯神经酸乙酯，操作简便，避免了其他工艺中水洗易乳化及产品酸价过高等问题，但该法制备的神经酸乙酯的纯度并不高，且还需要对神经酸乙酯水解转化为神经酸。因此，可以通过分子蒸馏条件的改进及以上几种工艺的结合对神经酸的分离纯化进行研究，有望得到质量分数更高的神经酸产品。

第二节　神经酸的生化性质

一、神经酸的化学性质

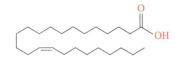

图2-1　神经酸的分子结构

神经酸的分子结构及化学性质见图2-1、表2-5。

表2-5　神经酸的化学性质

项目	结果	项目	结果
系统名	顺-15-二十四碳单烯酸	化学式	$C_{24}H_{46}O_2$
平均分子量	366.6204	外观	白色或者淡黄固体
熔点	42～43℃（文献报道）	沸点	459.84℃（粗略估算）
密度	0.9009（粗略估算）	折射率	1.4806（估算）
闪点	>110℃	储存条件	-20℃
形态	液体	酸度系数（pKa）	（4.78±0.10）（预计）

HMDB数据库：https://hmdb.ca/metabolites/HMDB0002368

二、游离神经酸介绍

人体内的脂质，大致可以分为胆固醇、中性脂肪（甘油三酯）、磷脂质、游离脂肪酸等4种。游离脂肪酸是中性脂肪分解成的物质。当肌肉活动所需能源糖原耗尽时，脂肪组织会分解中性脂肪成为游离脂肪酸来充当能源使用。所以，游离脂肪酸可说是进行持久活动所需的物质。

游离神经酸是由24个碳原子组成的单链脂肪酸（图2-1），为带有一条长的烃链和一个末端羧基组成的羧酸，属于ω-9系脂肪酸。生物体内的脂肪酸多以结合形式存在，游离态的较少。在生物反应过程中，脂肪酸作为能量底物被代谢和合成。长链和中链脂肪酸主要来源于膳食甘油三酯，短链脂肪酸（SCFA）由消化不良膳食纤维的肠道微生物发酵产生，构成代谢网络中游离脂肪酸（FFA）的主要来源。血清长期高水平的游离脂肪酸可导致机体细胞分泌功能缺陷，已有研究表明血清中高水平的有FFA与代谢疾病、糖尿病等疾病密切相关，血清长期高水平的FFA可能通过改变葡萄糖、FFA代谢过程中的关键酶的活性或表达水平，使胰岛甘油三酯含量增加，致使β细胞凋亡、葡萄糖转运体2（GLUT2）表达下降等多种途径，导致机体β细胞分泌功能缺陷[14]。

三、常见结构神经酸介绍

神经酸（C24∶1ω-9）是一种单不饱和脂肪酸（MUFA），在体内多以结合形式存在，少数以游离状态存在。中枢神经系统是富含脂质的组织，其中髓鞘中包含了将近一半的大脑脂质。髓鞘中脂质干重为75%～80%，胆固醇、磷脂酰胆碱、鞘磷脂、神经酰胺、葡萄糖神经酰胺和硫苷脂是主要的脂质种类[15]。鞘磷脂是髓鞘的第二主要成分。在人类早期发育过程中，鞘磷脂的神经酸含量增加了6倍，从1岁的＜300 nmol/g增加到6岁的＞1900 nmol/g[16]。在成人白质中，神经酸也是鞘磷脂的主要脂肪酸成分[17-18]，占36%。在脂质代谢途径研究计划（LIPID MAPS）数据库中有记载的结构神经酸约为1433种。

1. 鞘脂型神经酸

神经酸主要以鞘糖脂和鞘磷脂形式存在于人体大脑蛋白质、视网膜、精子和神经组织中。鞘脂在细胞增殖、迁移、炎性反应、对抗癌药物响应等癌细胞相关功能以及预防癌症的发生发展方面都有重要作用。

（1）鞘磷脂型神经酸

以鞘磷脂［d18：0/24：1（15Z）］为例，图2-2中X可更改为其他脂肪酸链。

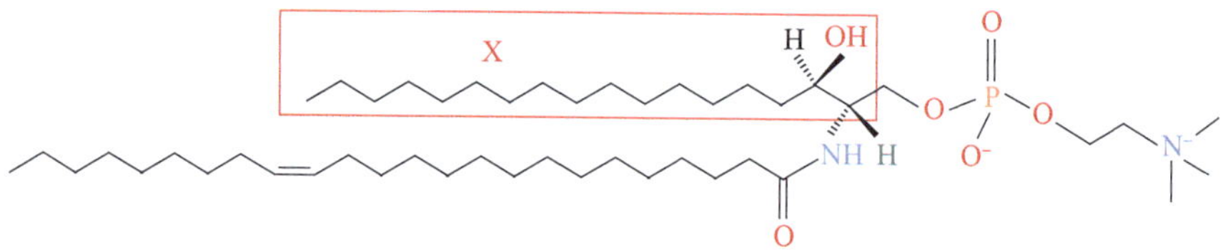

图2-2 鞘磷脂型神经酸的分子结构

（2）神经酰胺型神经酸

以神经酰胺［d18：1/24：1（15Z）］为例，图2-3中X可更改为其他脂肪酸链。

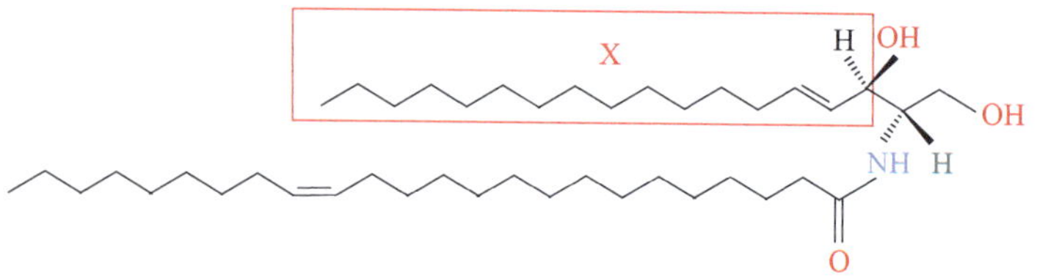

图2-3 神经酰胺型神经酸的分子结构

（3）葡萄糖神经酰胺

以葡萄糖神经酰胺［d18：0/24：1（15Z）］为例，图2-4中X可更改为其他脂肪酸链。

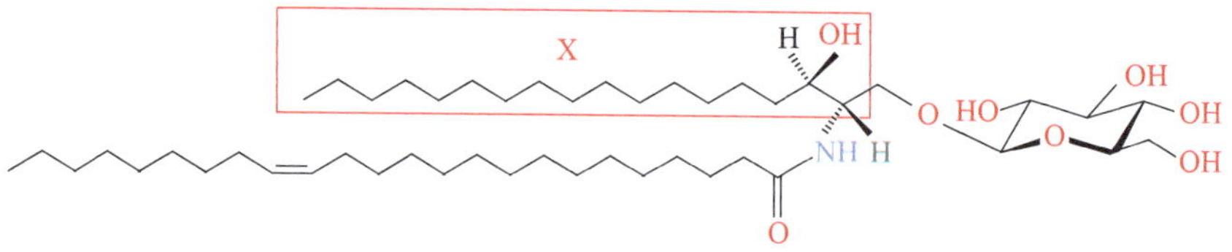

图2-4 葡萄糖神经酰胺型神经酸的分子结构

（4）半乳糖神经酸

以半乳糖神经酸［d18∶1/24∶1（15Z）］为例，图2-5中X可更改为其他脂肪酸链。

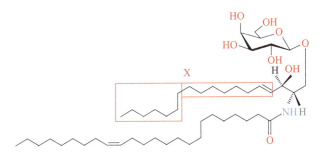

图2-5　半乳糖神经酸型神经酸的分子结构

2. 甘油磷脂型神经酸

甘油磷脂是含量最丰富的脂类，也是生物膜的主要成分。甘油磷脂含有至少一个酰基、烷基或烯基相连的脂肪酰侧链，根据不同极性头部分为磷脂酸、磷脂酰甘油、磷脂酰肌醇、磷脂酰胆碱、磷脂酰乙醇胺、磷脂酰丝氨酸等主要类别以及它们水解一个脂肪酸侧链后生成的溶血磷脂。神经酸在神经组织和脑组织中含量较高，是生物膜的重要组成成分，通常作为脑苷脂中髓质（白质）的标志物，参与生物膜有关的多种特殊生理功能。甘油磷脂根据甘油上的羟基被酯化的个数分为甘油磷脂和溶血甘油磷脂。

（1）磷脂酰胆碱型神经酸

以磷脂酰胆碱［18∶0/24∶1（15Z）］为例，图2-6中X可更改为其他脂肪酸链。

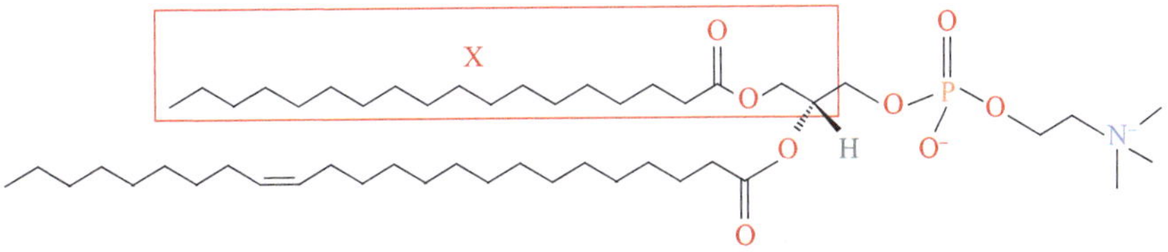

图2-6　磷脂酰胆碱型神经酸的分子结构

（2）磷脂酰乙醇胺型神经酸

以磷脂酰乙醇胺［18∶0/24∶1（15Z）］为例，图2-7中X可更改为其

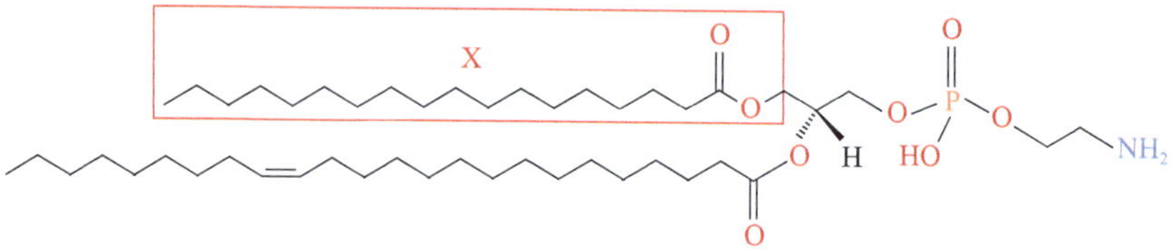

图2-7　磷脂酰乙醇胺型神经酸的分子结构

他脂肪酸链。

（3）溶血磷脂酰乙醇胺型神经酸

以溶血磷脂酰乙醇胺［0:0/24:1（15Z）］为例，图2-8中X可更改为其他极性脂头。

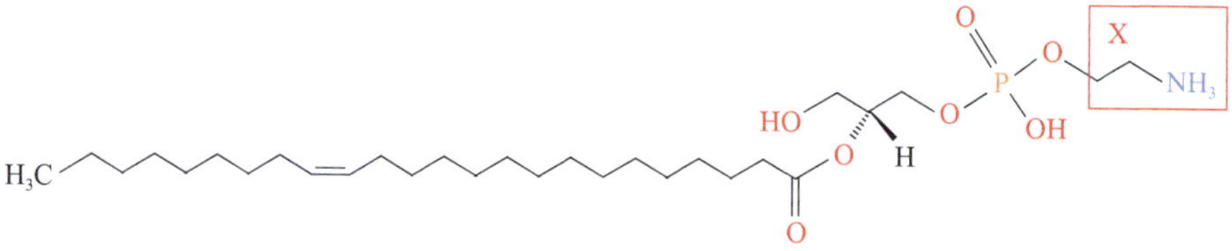

图2-8　溶血磷脂酰乙醇胺型神经酸的分子结构

3. 甘油脂型神经酸

甘油酯是甘油（丙三醇）上的羟基与脂肪酸酯化的产物。甘油与脂肪酸的酯化产物（不包括甘油磷脂）。甘油酯根据甘油的羟基被酯化的个数而分类。甘油中一个羟基被酯化称为单酰甘油，两个羟基被酯化称为二酰甘油，三个羟基被酯化称为甘油三酯。其中甘油三酯在自然界中是最常见的。

（1）甘油三酯型神经酸

以甘油三酯［14:0/18:0/24:1（15Z）］为例，图2-9中X可更改为其

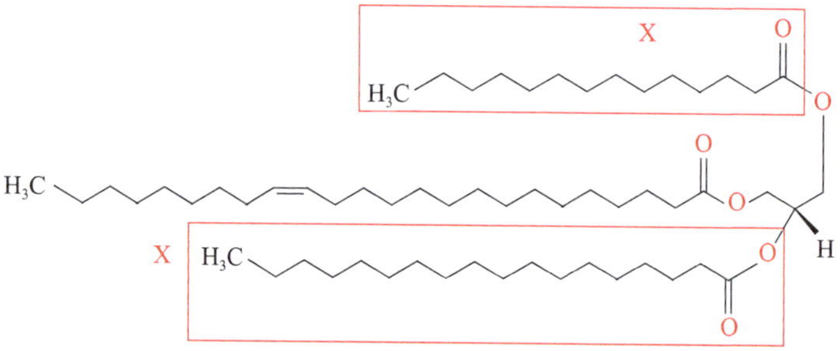

图2-9　甘油三酯型神经酸的分子结构

他脂肪酸链。

（2）二酰甘油型神经酸

以二酰甘油［18：0/24：1（15Z）/0：0］为例，图2-10中X可更改为其他脂肪酸链。

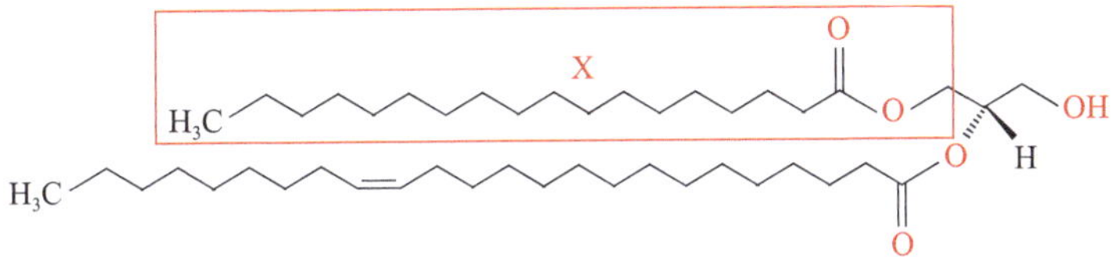

图2-10 二酰甘油型神经酸的分子结构

（3）单酰甘油型神经酸

以单酰甘油［24：1（15Z）/0：0/0：0］为例，图2-11中X可更改为其他脂肪酸链。

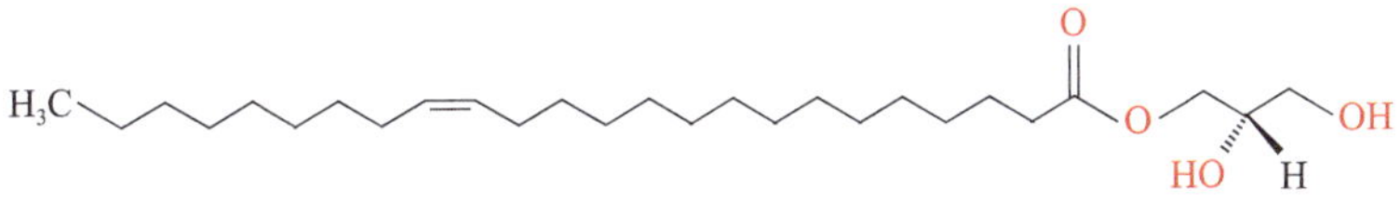

图2-11 单酰甘油型神经酸的分子结构

4. 其他

除此之外，根据结构的不同，脂质还包括固醇脂、异戊烯醇脂、糖脂和聚酮类等。不同结构的脂质与神经酸分子的结合形成不同结构的神经酸。

第三节 神经酸的测定

一、国标法测定游离神经酸

（一）内标法/面积归一法

水解-提取法：加入内标物的试样经水解-乙醚溶液提取其中的脂肪后，在碱性条件下皂化和甲酯化，生成脂肪酸甲酯，经毛细管柱气相色谱分析，内标法定量测定脂肪酸甲酯含量。依据各种脂肪酸甲酯含量和转换系数计算出总脂肪、饱和脂肪（酸）、单不饱和脂肪（酸）、多不饱和脂肪（酸）含量。

1. 试剂

盐酸（HCl）、氨水（$NH_3 \cdot H_2O$）、焦性没食子酸（$C_6H_6O_3$）、乙醚（$C_4H_{10}O$）、石油醚：沸程30～60℃、乙醇（C_2H_6O）（95%）、甲醇（CH_3OH）：色谱纯、氢氧化钠（NaOH）、正庚烷[$CH_3（CH_2）_5CH_3$]：色谱纯、三氟化硼甲醇溶液，浓度为15%、无水硫酸钠（Na_2SO_4）、氯化钠（NaCl）、异辛烷[$（CH_3）_2CHCH_2C（CH_3）_3$]：色谱纯、硫酸氢钠（$NaHSO_4$）、氢氧化钾（KOH）。

2. 标准品

十一碳酸甘油三酯[$C_{36}H_{68}O_6$，化学文摘社（Chemical Abstracts Service，CAS）编号：13552-80-2]、混合脂肪酸甲酯标准品、单个脂肪酸甲酯标准品。

3. 仪器

匀浆机或实验室用组织粉碎机或研磨机、气相色谱仪：具有氢火焰离子检测器（FID）、毛细管色谱柱：聚二氰丙基硅氧烷强极性固定相，柱长100 m，内径0.25 mm，膜厚0.2 μm、恒温水浴：控温范围40～100℃，控温±1℃、分析天平：感量0.1 mg、旋转蒸发仪。

4. 测定

色谱参考条件：取单个脂肪酸甲酯标准溶液和脂肪酸甲酯混合标准溶液分别注入气相色谱仪，对色谱峰进行定性。脂肪酸甲酯混合标准溶液气相色谱图见附录B。

（1）毛细管色谱柱：聚二氰丙基硅氧烷强极性固定相，柱长100 m，内径0.25 mm，膜厚0.2 μm。

（2）进样器温度：270℃。

（3）检测器温度：280℃。

（4）程序升温：初始温度100℃，持续13 min；

100～180℃，升温速率10℃/min，保持6 min；

180～200℃，升温速率1℃/min，保持20 min；

200～230℃，升温速率4℃/min，保持10.5 min。

（5）载气：氮气。

附录B

37种脂肪酸甲酯标准溶液典型参考图谱

37种脂肪酸甲酯标准溶液参考色谱图见图B.1。

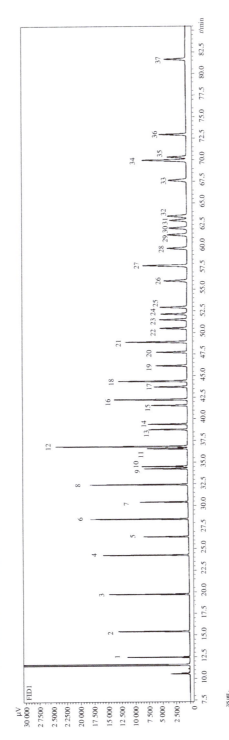

图B.1 37种脂肪酸甲酯标准溶液参考色谱图

说明：
图中1~37分别对应以下：1/C4 : 0，2/C6 : 0，3/C8 : 0，4/C10 : 0，5/C11 : 0，6/C12 : 0，7/C13 : 0，8/C14 : 0，9/C14 : 1，10/C15 : 0，11/C15 : 1，12/C16 : 0，13/C16 : 1，15/C17 : 1，16/C18 : 0，17/C18 : 1n9t，18/C18 : 1n9c，19/C18 : 2n6t，20/C18 : 2n6c，21/C20 : 0，22/C18 : 3n6，23/C20 : 1，24/C18 : 3n3，25/C21 : 0，26/C20 : 2，27/C22 : 0，28/C20 : 3n6，29/C22 : 1n9，30/C20 : 3n3，31/C20 : 4n6，32/C23 : 0，33/C22 : 2，34/C24 : 0，35/C20 : 5，36/C24 : 1，37/C22 : 6n3。

（6）分流比：100∶1。

（7）进样体积：1.0 μL。

（8）检测条件应满足理论塔板数（n）至少2000/m，分离度（R）至少1.25。

5. 计算

记录色谱图，以神经酸与内标物的峰面积之比按内标法计算定量。

（二）外标法

1. 原理

水解-提取法：试样经水解-乙醚溶液提取其中的脂肪后，在碱性条件下皂化和甲酯化，生成脂肪酸甲酯，经毛细管柱气相色谱分析，外标法定量测定脂肪酸的含量。

2. 试剂

盐酸（HCl）、氨水（$NH_3·H_2O$）、焦性没食子酸（$C_6H_6O_3$）、乙醚（$C_4H_{10}O$）、石油醚：沸程30～60℃、乙醇（C_2H_6O）(95%)、甲醇（CH_3OH）：色谱纯、氢氧化钠（NaOH）、正庚烷[$CH_3(CH_2)_5CH_3$]：色谱纯、三氟化硼甲醇溶液：浓度为15%、无水硫酸钠（Na_2SO_4）、氯化钠（NaCl）、无水碳酸钠（Na_2CO_3）、甲苯（C_7H_8）：色谱纯、乙酰氯（C_2H_3ClO）、异辛烷[$(CH_3)_2CHCH_2C(CH_3)_3$]：色谱纯、硫酸氢钠（$NaHSO_4$）、氢氧化钾（KOH）。

3. 标准品

混合脂肪酸甲酯标准、单个脂肪酸甲酯标准、脂肪酸甘油三酯标准品：纯度≥99%。

4. 仪器

匀浆机或实验室用组织粉碎机或研磨机、气相色谱仪：具有FID、毛细管色谱柱：聚二氰丙基硅氧烷强极性固定相，柱长100 m，内径0.25 mm，膜厚0.2 μm、恒温水浴：控温范围40～100℃，控温±1℃、分析天平：感量0.1 mg、离心机：转速≥5000 r/min、旋转蒸发仪、螺口玻璃管（带有聚四氟乙烯做内垫的螺口盖）：15 mL、离心管：50 mL。

5. 测定

色谱参考条件：取单个脂肪酸甲酯标准溶液和脂肪酸甲酯混合标准溶

液分别注入气相色谱仪,对色谱峰进行定性。脂肪酸甲酯混合标准溶液气相色谱图见附录B。

(1)毛细管色谱柱:聚二氰丙基硅氧烷强极性固定相,柱长100 m,内径0.25 mm,膜厚0.2 μm。

(2)进样器温度:270℃。

(3)检测器温度:280℃。

(4)程序升温:初始温度100℃,持续13 min;

100~180℃,升温速率10℃/min,保持6 min;

180~200℃,升温速率1℃/min,保持20 min;

200~230℃,升温速率4℃/min,保持10.5 min。

(5)载气:氮气。

(6)分流比:100∶1。

(7)进样体积:1.0 μL。

(8)检测条件应满足理论塔板数(n)至少2000/m,分离度(R)至少1.25。

6. 计算

记录色谱图,按外标法计算定量。

详细试剂配制及计算方法参考附件1:《GB 5009.168—2016食品安全国家标准 食品中脂肪酸的测定》。

二、气相质谱方案对游离神经酸的测定

邵志凌[19]建立了气相色谱法(GC)快速测定元宝枫油中神经酸含量的检测方法。样品用硫酸甲醇法进行脂肪酸甲酯制备,用正己烷进行提取,GC测定,外标法定量。方法的平均回收率在91%~97%,精密度(相对标准偏差,RSD)<5%。此方法适用于快速测定元宝枫油中神经酸的含量。具体条件如下:

1. GC分析条件

毛细管色谱柱:TR-FAME(100 m×0.25 mm,0.2 μm),柱温程序升温:初温150℃,保持1 min,升温速率6℃/min,终温230℃,保持20 min;进样器温度230℃,FID检测器温度250℃;柱前压0.26 MPa,分流比40∶1,

进样量 1 μL。

2. 建立标准工作曲线

称取神经酸标准品 0.2000 g，用少量甲醇溶解后，定容至 50 mL 容量瓶中，此溶液神经酸浓度为 4.0 mg/mL。分别吸取此溶液 0、0.25 mL、0.50 mL、0.75 mL 和 1.00 mL 于 25 mL 具塞比色管中，相当于神经酸含量为 0、1.0 mg、2.0 mg、3.0 mg 和 4.0 mg。在比色管中各加入 2% 硫酸甲醇溶液 4 mL，混匀加塞，于 50℃ 水浴中甲酯化 30 min。冷却后加入 5 mL 蒸馏水再加入 4 mL 正己烷，于旋涡混合器上振荡提取 2 min，静置分层，取上清液 GC 进样 1 μL。神经酸标准品甲酯色谱图，保留时间为 29.948 min。以神经酸含量为横坐标，峰面积为纵坐标建立标准工作曲线。

3. 试样制备

称取混匀试样约 0.1 g（准确至 0.0001 g），于 25 mL 具塞比色管中，加入 2% 硫酸甲醇溶液 4 mL，按上述标准工作曲线方法进行试样处理，元宝枫油试样甲酯色谱图。

4. 计算

试样中神经酸含量的计算见式（2.1）：

$$X = \frac{C}{m \times 1000} \times 100\% \qquad (2.1)$$

式中：C 为从标准工作曲线中得到的试样溶液中神经酸含量，单位为 mg；m 为试样质量，单位为 g。

三、液相质谱方案对结构性神经酸的测定

赖福兵[20]等建立了高效液相色谱法测定从蒜头果油中分离出的神经酸含量的方法。采用的色谱柱为 Hypersil ODS2（4.6 mm×250 mm，5 μm），流动相为乙腈-甲醇-0.4% 乙酸水溶液-四氢呋喃（体积比 80∶12∶5∶3），柱温为 26℃，检测波长 205 nm，流速 1.0 mL/min，进样量为 5 μL。结果表明：神经酸在 1.0～20.0 mg/mL 范围内呈良好线性关系，精密度和稳定性的 RSD 分别为 1.52%、1.61%；回收率为 97.41%～104.89%，RSD 为 0.72%～3.22%；测得样品的 RSD 为 0.90%～2.36%。实验方法简便、快速、准确、重复性好，可作为蒜头果油分离脂肪酸过程中神经酸含量的分析方

法。具体参数如下：

1. 实验试剂

无水乙醇、三氯甲烷、浓硫酸、神经酸、油酸、神经酸标品、甲醇、乙腈、四氢呋喃、醋酸、水。

2. 实验仪器

电子分析天平、电子天平、电热恒温鼓风干燥箱、集热式恒温磁力加热搅拌器、高效液相色谱仪。

3. 实验方法

（1）神经酸标准储备液的配制

精密称取1.0000 g神经酸标准品，将其用甲醇在50 mL的容量瓶中定容，充分摇匀，即得20.0 mg/mL神经酸标准储备液。

（2）神经酸样品的制备

称量由元宝枫籽油皂化酸化制得的混合脂肪酸100.0 g，按1∶1加入无水乙醇，加热使其充分溶解，冷却至常温后，将其置于5℃冰箱中静置5 h，取出抽滤，即得一次结晶的神经酸产品。用一次结晶产品重复上述步骤，即得二次结晶的神经酸产品。精密称取混合脂肪酸、一次结晶产品和二次结晶产品各0.1000 g，置于25 mL容量瓶中，并用甲醇定容，摇匀，用0.45 μm滤膜过滤，即得质量浓度为4 mg/mL的样品溶液。

（3）高效液相色谱条件

Hypersil ODS2色谱柱（4.6 mm×250 mm，5 μm），流动相为乙腈-甲醇-0.4%乙酸水溶液-四氢呋喃（体积比为80∶12∶5∶3），柱温26℃，检测波长205 nm，流速1.0 mL/min，进样量5 μL。

（4）计算

验证标准曲线的稳定性、准确性后，根据外标法计算定量。

参 考 文 献

[1] 刘德钦, 沈西林, 张文韬, 等. 元宝枫油的市场开发前景研究 [J]. 生态经济, 2005, 21 (4): 111-113.

[2] 王性炎, 王姝清. 神经酸研究现状及应用前景 [J]. 中国油脂, 2010, 35 (3): 1-5.

[3] XU F, FAN Y, MIAO F, et al. Naphthylacetic acid and tea polyphenol application

promote biomass and lipid production of nervonic acid-producing microalgae [J]. Front Plant Sci, 2018 9: 506.

[4] 郝旭亚. 蒜头果油中神经酸的分离提纯研究 [D]. 南宁: 广西大学, 2011.

[5] 熊德元, 刘雄民, 李伟光, 等. 结晶法分离蒜头果油中神经酸溶剂选择研究 [J]. 广西大学学报 (自然科学版), 2004, 29 (1): 85-88.

[6] 王建民. 神经酸的提取、纯化生产工艺: 中国, CN02136802. 3 [Z]. 2003-02-26.

[7] 徐文晖, 王俊儒, 梁倩. 元宝枫油中神经酸的初步分离 [J]. 中国油脂, 2007, 32 (11): 49-51.

[8] 郭莹莹, 刘玉兰, 梁绍全, 等. 尿素包合法富集文冠果油中神经酸的研究 [J]. 中国油脂, 2018, 43 (7): 119-123.

[9] 张元, 侯相林. 元宝枫油中神经酸乙酯的分离提纯 [J]. 中国油脂, 2010, 35 (1): 28-31.

[10] 罗永珠, 任玉馨, 王性炎. 一种用分子蒸馏技术从元宝枫油中提取神经酸的方法: 中国, CN200710018195. 2 [Z]. 2007-12-26.

[11] 徐明辉, 张骊, 陈东升, 等. 元宝枫籽油及神经酸制取工艺 [J]. 粮食与食品工业, 2017, 24 (1): 41-43.

[12] 呼晓姝. 元宝枫种仁油的提取及其神经酸分离纯化的研究 [D]. 北京: 北京林业大学, 2010.

[13] 赵艳, 朱晶, 王向东. 高速逆流色谱纯化元宝枫神经酸的研究 [J]. 食品科技, 2016, 41 (6): 251-254.

[14] 卜石. 游离脂肪酸和脂毒性 [J]. 国外医学: 内分泌学分册, 2001, 21 (6): 308-310.

[15] AGGARWAL S, YURLOVA L, SIMONS M. Central nervous system myelin: structure, synthesis and assembly [J]. Trends Cell Biol, 2011, 21 (10): 585-593.

[16] MARTÍNEZ M, MOUGAN I. Fatty acid composition of human brain phospholipids during normal development [J]. J Neurochem, 1998, 71 (6): 2528-2533.

[17] GERSTL B, TAVASTSTJERNA M G, ENG L F, et al. Sphingolipids and their precursors in human brain (normal and MS) [J]. Z Neurol, 1972, 202 (2): 104-120.

[18] SARGENT J R, COUPLAND K, WILSON R. Nervonic acid and demyelinating disease [J]. Med Hypotheses, 1994, 42 (4): 237-242.

[19] 邵志凌. 气相色谱法测定元宝枫油中神经酸含量的研究 [J]. 粮油加工 (电子版), 2014, 2 (5): 27-28, 31.

[20] 赖福兵, 李伟光, 赖芳, 等. 高效液相色谱法测定蒜头果油分离出的神经酸含量 [J]. 中国油脂, 2018, 43 (6): 144-146, 160.

第三章
神经酸与婴幼儿大脑发育

第一节　神经酸对婴幼儿脑发育的影响

神经酸在婴幼儿大脑的发育，以及神经细胞的生物合成和改善中起着至关重要的作用。通过神经酸对脑细胞膜功能的调节，可增强信息在脑细胞间连接传递，提高钙离子的作用，对改善大脑，增强记忆有重要作用，而后神经酸更进一步被证实为胎儿及婴儿脑部和视觉功能发育所必须的营养元素。由于婴幼儿自身特点，他们很难从普通食物中得到神经酸，因此从母乳得到这种物质就显得尤为重要。

神经酸天然存在母乳中，是一种微量且特殊的脂肪酸，可促进婴儿大脑的发育。神经酸可以油酸（C18∶1ω-9）作为底物，在长链单不饱和脂肪酸延长酶的作用下进行碳链延长。韩峰等[1]通过动物实验和人体实验发现，神经酸能有效增强脑神经细胞间的信息传递和交流，并提高人体记忆能力等。

在婴儿出生后，神经酸在脑中仍持续积累。研究表明，足月儿出生后至两个月内，脑苷脂中神经酸含量增加15.1%～26.4%，硫苷脂中增加13.0%～28.0%，大脑中神经酸含量在幼儿4岁时增加至最高水平43%[2-3]。然而，新生儿体内的去饱和酶和碳链延长酶的活性较弱，因此需要从母乳中获取足量的神经酸保证神经系统的正常发育。

Salem等[4]认为，婴儿在产后早期可以从母乳中获取神经酸。1990年在日本东京首次召开的国际讨论会上，英国脑营养研究所专家Sinclair提出，神经酸是人类大脑发育过程中所必需的[3]。Babin等[5]给孕妇补充富含神经酸牛奶的生理学实验表明，孕妇补充神经酸对胎儿大脑发育具有显著的促进作用。Cook等的研究发现在对患者震颤的小鼠补充神经酸后，可提高脑鞘磷脂中的神经酸含量，这说明神经酸对震颤可能起缓解作用[6]。这些结果表明婴儿出生后及时获取神经酸极为重要。当以不含神经酸的婴幼儿配方奶粉喂养足月儿时，足月儿血浆中神经酸含量低于母乳喂养的足月儿，甚至低于刚出生时足月儿血浆中神经酸的含量[7]。

婴儿时期如果缺乏神经酸，会导致脑发育滞后，生长发育迟缓，视觉功能障碍和周围神经系统发育异常[8]，严重时可能会导致大脑白质损伤，而最终可致脑室周围白质软化、大脑麻痹等[9]。婴儿获得充足的神经酸，可以降低患过氧化物酶体病[10-11]、营养不良[12]等疾病的风险。

所以，如果在计划妊娠、妊娠期和哺乳期妇女的食品中，或者在早产婴儿和断乳期婴幼儿所吃的配方奶粉中，适当补充神经酸，则有助于促进婴幼儿大脑发育和智力水平的提高，对改善新生儿、婴幼儿和儿童智力素质都有十分的重要作用。

一、婴幼儿大脑发育中磷脂的脂肪酸组成

Martínez等[13]通过对22例产前26周至产后8岁孩子的前脑，进行磷脂酰乙醇胺（phosphatidylethanolamine，PE）、乙醇胺纤溶酶原（ethanolamine plasminogen，EP）、磷脂酰丝氨酸（phosphatidylserine，PS）、磷脂酰胆碱（phosphatidylcholine，PC）和鞘磷脂的脂肪酸组成研究。磷脂采用二维薄层色谱法分离，脂肪酸甲酯采用毛细管色谱法分析。结果显示，在磷脂酰丝氨酸中，18∶1 ω-9在整个发育过程中显著增加，20∶4 ω-6和22∶4 ω-6仅在0～6月龄时增加。虽然22∶6 ω-3在磷脂酰丝氨酸发育过程中保持相当稳定，但由于其他多不饱和脂肪酸（polyunsaturated fatty acid，PUFA）的增加，其百分比下降。

图3-1中显示了两种油酸产物24∶1 ω-9（神经酸）和26∶1ω-9在脑内的发育变化，神经酸在孩子8岁以前明显增加。为了进行比较，我们将它们的饱和脂肪酸24∶0（木质素酸）和26∶0（铈酸）也加入到图中，这两种产物也是髓鞘磷脂的典型特征。在孩子2～8岁时，26∶1 ω-9在整个发展过程中也显著增加。虽然年龄跨度限制在8岁，但两种饱和脂肪酸24∶0和26∶0似乎比不饱和脂肪酸更早趋于稳定。

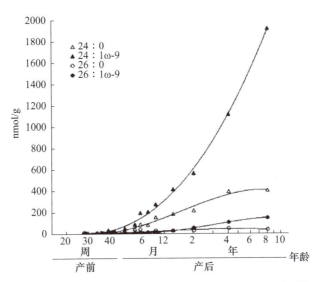

图 3-1　所有 4 种脂肪酸均在足月前后开始增加且与髓鞘形成时间一致

(图片来源:Martínez M, Mougan I. Fatty acid composition of human brain phospholipids during normal development [J]. J Neurochem, 1998, 71 (6): 2528-2533.)

神经酸(24:1 ω-9)是迄今为止鞘脂中最重要的单不饱和脂肪酸,在髓鞘形成过程中其增加是显著的。22:6 ω-3 二十二碳六烯酸的增加与神经元发育成正相关,22:4 ω-6、18:1 ω-9 和 24:1 ω-9 增加与髓鞘的形成有关,可以作为跟踪髓鞘形成的良好标记[14]。通过以上研究结果提示,神经酸作为神经系统中鞘磷脂的重要来源,用于构成髓鞘膜,是形成髓鞘的重要原料。

二、孕妇缺乏神经酸对婴儿的影响

神经酸(24:1 ω-9)存在于脑白质脂质中,用于髓磷脂的生物合成。先前的研究已经说明了鞘磷脂中神经酸的积累对早产儿的脑髓鞘形成至关重要。本节将重点介绍孕妇体内神经酸含量对婴儿的影响。

先兆子痫是导致孕产妇和胎儿死亡的主要原因。早期的横断面研究已经证明了母体微量营养改变与先兆子痫妇女的关系,尤其是长链多不饱和脂肪酸(LCPUFA)状态[15-16]。两种长链多不饱和脂肪酸,即 ω-3 和 ω-6 脂肪酸,它们是细胞膜的组成成分,对胎儿的生长发育非常重要[17-18]。Roy 等[19]通过检查分娩男婴和女婴的先兆子痫的孕妇脐带血 LCPUFA 水平,看是否存在差异。在这项研究中，招募了122名正常血压对照孕妇（妊娠≥37周）和90名先兆子痫的孕妇。

表3-1显示，与正常血压对照组相比，先兆子痫组不饱和脂肪酸水平较高，而饱和脂肪酸水平未见变化。在先兆子痫组与正常血压对照组孕妇进行比较，脐带血浆α-亚麻酸、二十二碳六烯酸和总ω-3脂肪酸较低。在总ω-6脂肪酸的情况下，与正常血压对照组相比，先兆子痫组只有花生四烯酸较低，但没有统计学意义。与正常血压对照组相比，先兆子痫患者的神经酸水平较低。

表3-1 不同组别脐带血浆脂肪酸水平比较

不同种类脂肪酸含量（g/100 g脂肪酸）	对照组 [$n=122$, ($mean \pm SD$)]	先兆子痫组 [$n=90$, ($mean \pm SD$)]
豆蔻酸（myristic acid）	0.73±0.29	0.84±0.26**
肉豆蔻油酸（myristoleic acid）	0.04±0.07	0.10±0.16**
棕榈酸（palmitic acid）	28.55±3.42	29.20±3.18
棕榈油酸（palmitoleic acid）	2.51±0.83	2.98±0.84**
硬脂酸（stearic acid）	10.17±2.53	10.20±2.30
油酸（oleic acid）	14.64±2.07	16.30±2.48**
亚油酸（linoleic acid）	15.69±7.93	15.25±7.03
γ-亚油酸（γ-Linolenic acid）	0.33±0.16	0.31±0.10**
α-亚油酸（α-Linolenic acid）	0.43±0.16	0.34±0.17**
二高-γ-亚麻酸（dihomo-γ-linolenic acid）	2.34±0.71	2.22±0.69
花生四烯酸（arachidonic acid）	13.72±4.42	12.22±3.67
二十碳五烯酸（eicosapentaenoic acid）	0.34±0.31	0.35±0.39
神经酸（nervonic acid）	1.07±0.41	0.89±0.36**
二十二碳五烯酸（docosapentaenoic acid）	0.47±0.22	0.29±0.26*
二十二碳六烯酸（docohexaenoic acid）	1.92±0.85	1.68±0.64*
饱和脂肪酸（saturated fatty acids）	39.45±4.45	40.25±3.95
单不饱和脂肪酸（monounsaturated fatty acids）	18.28±2.24	20.27±2.71**
总ω-3脂肪酸（total ω-3 fatty acids）	2.69±0.90	2.37±0.75*
总ω-6脂肪酸（total ω-6 fatty acids）	32.57±4.94	30.31±5.23
ω-6/ω-3比值（ω-6/ω-3 ratio）	13.83±6.66	14.73±7.99

注：与未控制血压的生男孩的孕妇相比，*$P<0.05$；与血压正常的孕妇相比，$P<0.05$。

表3-2显示，与正常血压对照组相比，先兆子痫分娩男女婴儿的孕妇不饱和脂肪酸水平较高。在这些组中，饱和脂肪酸水平没有变化。α-亚麻酸和总ω-3脂肪酸水平在子痫前期组中略微降低。与正常血压对照组相比，先兆子痫分娩男性婴儿的孕妇的α-亚麻酸水平较低。与正常血压对照组相

比，子痫前期生男胎的孕妇花生四烯酸较低。在我们目前的研究中，与正常血压对照组相比，子痫前期孕妇的脊髓神经酸水平较低。这些较低水平的神经酸可能会影响子痫前期组胎儿大脑的生长和发育，并可能对大脑功能产生长期影响。

表3-2 分娩男性和女性婴儿的孕妇脐带血浆的脂肪酸水平比较

不同种类脂肪酸含量 （g/100 g脂肪酸）	对照组 [$n=122$, (Mean±SD)]		子痫前期组 [$n=90$, (Mean±SD)]	
	男婴（$n=69$）	女婴（$n=53$）	男婴（$n=54$）	女婴（$n=36$）
豆蔻酸（myristic acid）	0.75±0.31	0.70±0.26	0.91±0.26**	0.72±0.22
肉豆蔻油酸（myrist oleic acid）	0.04±0.09	0.03±0.05	0.13±0.19**	0.03±0.05
棕榈酸（palmitic acid）	27.95±3.27	29.55±3.48	29.28±3.50	29.08±2.61
棕榈油酸（palmitoleic acid）	2.50±0.070	2.54±1.02	2.94±0.98*	3.04±0.57
硬脂酸（stearic acid）	10.30±2.49	9.93±2.63	10.04±2.52	10.45±1.89
油酸（oleic acid）	14.77±2.15	14.43±1.94	16.37±2.45*	16.17±2.58
亚油酸（linoleic acid）	15.25±6.72	16.44±9.71	16.04±7.68	13.96±5.86
γ-亚油酸（γ-linolenic acid）	0.33±0.17	0.34±0.15	0.29±0.10	0.32±0.091&
α-亚油酸（α-linolenic acid）	0.43±0.17	0.42±0.15	0.33±0.18*	0.36±0.15
二高-γ-亚麻酸（dihomo-γ-linolenic acid）	235±0.68	2.33±0.77	2.10±0.68	2.41±0.68
花生四烯酸（arachidonic acid）	14.06±4.32	13.14±4.61	11.73±3.34*	13.03±4.09
二十碳五烯酸（eicosa pentaenoic acid）	0.32±0.31	0.37±0.33	0.29±0.26	0.44±0.53
神经酸（nervonic acid）	1.16±0.42&	0.93±0.37	0.85±0.37**	0.96±0.35
二十二碳五烯酸（docosapentaenoic acid）	0.50±0.23	0.41±0.20	0.29±0.26**	0.29±0.0271&
二十二碳六烯酸（docohexaenoic acid）	1.89±0.73	1.97±1.04	1.72±0.65	1.60±0.63
饱和脂肪酸（sSaturated fatty acids）	39.01±4.45	40.19±4.43	40.24±4.31	40.26±3.35
单不饱和脂肪酸（monounsaturated fatty acids）	18.48±2.44	17.94±1.83	20.31±2.77*	20.21±2.661&
总ω-3脂肪酸（total ω-3 fatty acids）	2.65±0.83	2.77±1.03	2.36±0.72	2.40±0.801&
总ω-6脂肪酸（total ω-6 fatty acids）	32.50±4.50	32.68±5.68	30.47±5.64	30.04±4.56
ω-6/ω-3比值（ω-6/ω-3 ratio）	13.71±5.67	14.03±8.17	14.82±8.35	14.59±7.52

注：与未控制血压的生男孩的孕妇相比，*$P<0.05$；与血压正常的孕妇相比，$P<0.05$。

数值表示为Mean±SD。

与未控制血压的生男孩的孕妇相比，*$P<0.05$。**$P<0.01$。

与血压正常的孕妇相比，& $P<0.05$。

神经酸是神经鞘磷脂中的一种重要的单不饱和脂肪酸，在大脑神经细胞髓磷脂的生物合成中起作用[20]。神经酸的增加是跟踪髓鞘形成的良好标志[14]。Assies等[21]报道了重度抑郁症患者的血浆和红细胞神经酸水平较低。此外，我们观察到子痫前期生男孩孕妇的脊髓神经酸水平较低，而生女孩的则没有。因此与女婴相比，患有先兆子痫的孕妇所生的男婴患神经发育障碍的风险可能更高。

三、神经酸与早产儿的发育有关

人的大脑约50%的质量是由脂质组成，最重要的是长链不饱和脂肪酸，它们在出生前后的积累率最高。其长链不饱和脂肪酸含量的多少，对于大脑的发育是至关重要的。长链不饱和脂肪酸可以帮助神经细胞实现加速生长，包括髓鞘化[22-23]。

婴儿早期血浆磷脂中神经酸的浓度比同期母乳中神经酸的浓度高近7倍[24]。图3-2显示，从早产第一周到校正月龄，血浆神经酸浓度随时间显著降低。与适合胎龄（AGA）的婴儿相比，小于胎龄（SGA）的婴儿血浆神经酸浓度在一周时显著降低。这种差异在校正1月龄时几乎消除（$P<0.05$），AGA组血浆磷脂中神经酸浓度显著降低（$P<0.001$）。出生时胎龄与脐带血中神经酸浓度或产后一周血浆磷脂中神经酸浓度无相关性。但孕周与40周和44周时神经酸浓度相关（$P<0.05$）。神经酸浓度受新生儿发病率的影响；完全健康的新生儿（$n=30$）在出生一周时神经酸浓度为3.37（0.53）mol%，高于患病婴儿（$n=6$）的2.62（0.29）mol%（$P<0.001$）。

脐带血中神经酸和二十四烷酸的浓度比母乳中高10倍，但相比之下，母乳中油酸的浓度比脐带血中高4倍。这些脂肪酸的底物在脐带血中的浓度是母乳中的两倍，在婴儿血浆磷脂中的浓度直到校正后一个月仍在增加。这种增加表明，其他被研究的脂肪酸及其比例的下降，并不完全是因为神经组织的激增。结果表明，早产儿在这一早期阶段对神经酸的需求依赖于母乳的供应。血浆脂肪酸含量降低可能体现在白质融合加快，这是由于髓鞘是早期发育阶段的重要组成部分，2~5岁才进入成人模式[25]。在出生后的前2~3个月，大脑髓磷脂会减少[26-27]。二十四烷酸和神经酸显著增加，但油酸在白质中的增加速度要慢得多，直到儿童时期才在髓磷脂中被大量

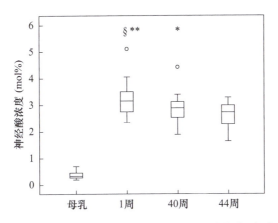

图3-2 母乳（BM）中神经酸（NA）和婴儿血浆磷脂（P）浓度的测定

30例早产儿在出生后1周及孕40、44周时母乳（BM）中神经酸（NA）和婴儿血浆磷脂（P）浓度的测定。盒图显示了个体变量的中位数和四分位区间以及须极端情况。由单个符号表示的离群值。Mann-Whitney**1～44w $P<0.0001$；§1～40w $P=0.001$；

*40～44w P 等于0.02。

（图片来源：Strandvik B, Ntoumani E, Lundqvist-Persson C, et al. Long-chain saturated and monounsaturated fatty acids associate with development of premature infants up to 18 months of age [J]. Prostaglandins Leukot Essent Fatty Acids, 2016, 107: 43-49.）

识别出来[28]。在小鼠中，二十四烷酸被证明在髓鞘形成最活跃的时期合成是最活跃的[29]。因此，特别是神经酸和二十四烷酸是非常重要的，呈正相关，而神经酸和油酸在新生儿期呈负相关。早产儿可能特别容易受到与髓鞘形成相关的脂肪酸平衡缺陷的影响，因为不仅在极低出生体重的婴儿中，而且在晚期早产儿中，脑瘫也不是一种罕见的并发症。髓鞘形成在围产期很重要，高度依赖于长链饱和脂肪酸和单不饱和脂肪酸。目前经常补充长链多不饱和脂肪酸会抑制油酸的合成。我们利用一个早产儿队列的数据，研究了神经酸、木质素酸和油酸是否与18个月校正年龄前的婴儿生长和早期发育相关，我们发现适用于胎龄婴儿的小浓度的神经酸、木质素酸和油酸并不适合胎龄的婴儿，只有油酸与长链多不饱和脂肪酸呈负相关。油酸和木质素酸与1个月时的社会交往有关，神经酸与6个月、10个月和18个月时的精神运动和行为发育有关。同时对几个混杂因素进行了调整，观察到油酸与长链多不饱和脂肪酸呈负相关，提示ω-9去饱和酶受抑制，神经酸与木质素酸和油酸呈不同的相关，提示新生儿期代谢不同。我们的结果表明神经酸的补充可能对早产儿有影响。

第二节 神经酸用于婴幼儿配方奶粉或益智保健食品

神经酸虽然在母乳中含量较多，但在婴幼儿配方奶粉中含量甚微。若在婴幼儿配方奶粉中添加神经酸，其功能就更接近母乳，更有利于促进婴幼儿的大脑发育，提高新生儿、婴幼儿及儿童的智力。

与大脑相比，婴儿的小脑生长迅速，虽然开始时间较晚，但达到成人比例的时间较早[30]。因为它包括一个快速髓鞘形成的时期，这种生长需要多不饱和脂肪酸的加入[31]，其中神经酸和木质酸等超长链脂肪酸的供应必不可少[32]。限制饮食（喂食）动物的小脑细胞中颗粒神经元和神经胶质细胞，尤其是那些具有髓磷脂特征的细胞，会受到永久性减少损伤。Martínez[33]在比较一组营养不良的婴儿和正常婴儿时发现，小脑髓磷脂相关的半乳脂质浓度没有差异。为了探索婴儿小脑的脂肪酸组成及牛奶饮食是否会影响其脂肪酸的组成，Jamieson等[34]研究了小于6个月的意外死亡婴儿的小脑灰质和白质。通过气相色谱/质谱分析，评估来自足月出生婴儿的33个灰质和21个白质样本，以及来自早产儿的6个灰质和5个白质样本的脂肪酸含量。他们根据婴儿是否接受了母乳或人工配方奶粉进行分组。关于婴儿小脑白质和髓磷脂总脂脂肪酸浓度与婴儿饮食关系的详细资料见表3-3。

表3-3 关于婴儿和小脑白质和髓磷脂总脂肪酸浓度与婴儿饮食关系的详细资料

	膳食分组	
	母乳	人工配方奶粉
婴儿详细信息[b]		
出生体重（g）	3208（506）	3178（438）
妊娠年龄（周）	39.6（1.4）	38.5（1.3）
年龄（周）	9.5	0.5～19
年龄范围（周）	1～19	0.5～19
男性/女性	3/5	6/2
14：0	1.30（1.13～2.22）	1.25（0.72～1.44）
16：0	20.00（16.74～22.93）	20.77（16.68～24.12）
16：1n-7	2.58（2.03～3.69）	2.68（1.78～3.43）

续表

膳食分组		
	母乳	人工配方奶粉
18∶0	21.69（19.38～22.24）	22.37（21.13～23.26）
18∶1n-7＋ω-9	26.98（22.74～31.41）	27.16（21.36～30.69）
20∶1 ω-9	1.58（0.99～2.55）	1.43（0.60～2.31）
20∶2ω-6	0.72（0.49～0.97）	0.74（0.42～0.95）
20∶3ω-6	1.45（0.98～1.96）	1.30（0.97～1.80）
20∶4ω-6	7.37（5.81～9.55）	7.13（5.94～9.89）
22∶4ω-6	5.70（5.00～6.58）	6.42（523～7.20）[a]
22∶6ω-3	6.26（4.32～10.24）	5.30（3.10～8.16）[b]
24∶0	1.87（1.29～2.48）	2.19（1.60～2.47）[a]
24∶1 ω-9	2.30（1.12～3.12）	2.29（0.91～4.09）

注：采用配对数据 *Wilcoxon* 符号秩检验计算各组间脂肪酸浓度的显著差异（$n=8$），[a]$P<0.02$，[b]$P<0.01$；关于婴儿的详细信息以平均值形式给出，括号内为标准差；脂肪酸浓度表示为总酸的质量百分比，表示为中位数和范围。

表3-3显示，母乳喂养组与人工配方奶组（年龄匹配）相比，母乳喂养组的二十二碳六烯酸的含量较大。但在人工配方奶中，二十二碳六烯（22∶4 ω-6）和木甘酸浓度均高于母乳喂养组。尤其是神经酸（24∶1 ω-9）的含量也高于母乳喂养组。

图3-3显示，在两个7周大的早产儿中，低浓度的小脑白质木质素（24∶0）和神经酸（24∶1 ω-9）与孕后的年龄有关，而不是实际年龄相关。因此饮食中的长链不饱和脂肪酸，尤其是神经酸，对婴儿小脑的正常发育至关重要。

一、母乳中的神经酸的含量

神经酸对脑白质发育很重要，其含量在妊娠晚期迅速增加，但很少有研究关注这种脂肪酸。在母乳中补充二十二碳六烯酸（22∶6 ω-3）和花生四烯酸（20∶4 ω-6）被认为对精神运动和认知发展有很好的作用[35-36]。Ntoumani等[37]针对足月分娩的母亲乳汁和分娩早产儿的母亲乳汁，研究神经酸和长链多不饱和脂肪酸的差异，从更广泛的角度关注早产儿的营养。

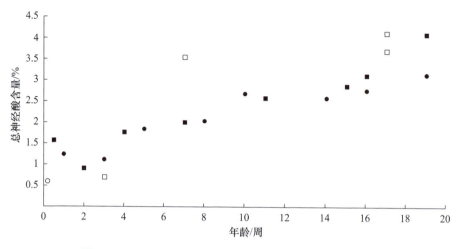

图3-3 婴儿小脑白质总神经酸含量与饮食和年龄的相关性

（图片来源：Jamieson EC, Farquharson J, Logan RW, et al. Infant cerebellar gray and white matter fatty acids in relation to age and diet [J]. Lipids, 1999, 34 (10): 1065-1071.）

通过气相色谱法分析了来自5位母亲的12份母乳样本中的脂肪酸浓度，并与42位早产儿母亲的母乳进行了脂肪、乳糖和蛋白质含量的比较。5位母亲的12份母乳样本中神经酸的浓度与分娩后收集的时间有关，见图3-4。

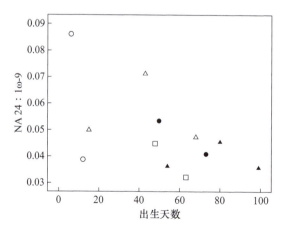

图3-4 来自5位母亲的12份母乳样本中神经酸的浓度与分娩后收集的时间有关

通过这项研究发现，足月分娩的母亲乳汁中的神经酸浓度比分娩早产儿的母亲乳汁中的浓度要低得多。与分娩早产儿的母亲乳汁相比，足月分娩的母亲乳汁中长链多不饱和脂肪酸浓度较低。足月分娩的母亲乳汁是后乳，脂肪含量最高，但它低于分娩早产儿的母亲摄入乳汁，说明对足月分娩的婴儿来说，以神经酸为主的长链多不饱和脂肪酸在母乳中是显著缺乏，需要额外的补充[5, 38]。

Isaacs等[39]的研究显示，母乳的摄入量和脑白质体积以及后来的言语、表现、智商之间存在强烈的相关性，该结论支持了早期神经酸的供应对髓鞘的形成至关重要，对婴儿发育具有长期影响。另外一项研究表明，从初乳到成熟乳，母乳中的神经酸含量显著下降。在哺乳期，长链多不饱和脂肪酸会随着哺乳时间的延长而进一步下降，补充长链脂肪酸的效果不仅与剂量有关[40-41]，还应该包括神经酸等其他重要脂肪酸。因此，给早产儿服用足月分娩的母亲乳汁时，需要补充更多的长链脂肪酸，特别是神经酸，而不仅仅是蛋白质的补充。

二、母体 ω-3 脂肪酸补充对新生儿神经酸的影响

众所周知，孕妇在妊娠期间血浆中总脂肪酸浓度比正常水平有显著增加[42]，而二十二碳六烯酸（22：6 ω-3）的水平比其他多不饱和脂肪酸增加更多。据报道[43]，在妊娠晚期，婴儿的大脑和视网膜中二十二碳六烯酸的含量明显增加。也有报道称，母亲在怀孕期间吃鱼与后代的认知表现之间存在正相关[44]。那么二十二碳六烯酸的摄入与中枢神经系统发育有着怎样的联系呢？

为了研究富含 ω-3 的长链多不饱和脂肪酸对母亲和新生儿的脂质影响，以及这种干预是否会影响新生儿的视觉和认知发展。实验招募了110名孕妇，被随机分配到下列干预组：对照组：普通的乳品饮料，补充组：富含鱼油的乳制品饮料。随后，测定母亲入组时、分娩时、2.5个月和4个月时；以及新生儿分娩时和2.5个月时，胎盘和母乳（初乳、1个月、2个月和4个月时）的血液中脂肪酸浓度。见表3-4。

根据以上结果得知：补充ω-3长链多不饱和脂肪酸后，神经酸在母亲和新生儿的血浆和红细胞脂质中比例明显提高，说明了ω-3长链多不饱和脂肪酸和神经酸之间的相互关联，暗示着二十二碳六烯酸和神经酸对新生儿的神经元发育具有共同作用[45]。神经酸与脑成熟有关，红细胞中这种脂肪酸的浓度与脑鞘磷脂的浓度是一致的[38]。尽管关于ω-3长链多不饱和脂

表3-4 母亲和新生儿血浆和红细胞膜中的脂肪酸组成

	血浆			红细胞		
	对照组	补充组	P值	对照组	补充组	P值
母亲						
M0						
C24：1ω-9	2.25±0.91	2.72±2.44	0.100	7.72±1.77	7.62±1.41	0.257
二十碳五烯酸	0.50±0.33	0.45±0.28	0.193	1.22±1.07	1.42±1.02	0.309
二十二碳六烯酸	3.57±1.52	3.64±1.29	0.408	4.48±1.28	4.67±0.77	0.148
ω-3多不饱和脂肪酸	5.00±1.84	5.08±1.59	0.414	6.76±2.26	7.02±1.58	0.249
M1						
C24：1ω-9	1.04±0.43*	1.54±1.07	0.016	6.33±1.53*	7.02±1.51	0.040
二十碳五烯酸	0.51±0.48	0.55±0.34	0.358	0.26±0.11	0.51±0.55	0.057
二十二碳六烯酸	2.43±0.93*	3.43±1.44	0.002	2.74±2.09*	3.75±1.98	0.038
ω-3多不饱和脂肪酸	3.78±1.58*	4.80±1.94	0.020	3.41±2.42*	4.87±2.71	0.022
M2						
C24：1ω-9	2.04±1.23	2.03±1.15	0.488	4.22±0.72	4.24±0.58	0.447
二十碳五烯酸	1.00±0.70*	1.37±0.59	0.020	0.48±0.34*	0.87±0.40	0.001
二十二碳六烯酸	2.63±1.56*	3.71±1.56	0.006	3.98±1.25*	5.04±1.14	0.001
ω-3多不饱和脂肪酸	4.32±2.31*	5.88±1.79	0.002	5.79±1.73*	7.52±1.73	0.001
M3						
C24：1ω-9	2.39±1.19	2.35±1.24	0.459	4.82±1.35*	5.68±1.74	0.025
二十碳五烯酸	0.72±0.32*	1.05±0.67	0.016	0.54±0.35*	0.82±0.43	0.008
二十二碳六烯酸	2.83±1.42*	3.69±1.43	0.017	4.04±1.41*	5.14±1.29	0.002
ω-3多不饱和脂肪酸	4.61±1.98*	5.66±2.08	0.034	6.01±2.05*	7.32±2.83	0.028
新生儿						
NOV						
C24：1ω-9	2.43±0.91	2.70±1.28	0.070	5.74±1.55	5.60±1.38	0.361
二十碳五烯酸	0.19±0.01	0.45±0.18	0.040	0.08±0.06*	0.13±0.07	0.005
二十二碳六烯酸	4.58±1.51*	5.35±1.46	0.035	4.34±2.42*	5.85±2.20	0.008
ω-3多不饱和脂肪酸	4.89±1.29*	5.80±1.74	0.019	5.22±2.58*	6.91±2.71	0.008
NOA						
C24：1ω-9	1.83±0.49*	2.15±0.25	0.041	6.05±0.84	6.07±0.84	0.472
二十碳五烯酸	0.26±0.15	0.40±0.09	0.073	0.07±0.03,	0.12±0.08	0.033
二十二碳六烯酸	3.42±0.86*	4.22±1.10	0.042	3.91±2.19*	5.48±2.84	0.024
ω-3多不饱和脂肪酸	3.78±1.33*	4.97±1.31	0.024	4.80±2.51*	7.88±3.97	0.002
N1						
C24：1ω-9	1.85±1.16*	2.56±1.60	0.043	1.94±0.71*	2.29±0.64	0.041
二十碳五烯酸	0.28±0.18*	0.49±0.28	0.021	0.23±0.15	0.45±0.48	0.093
二十二碳六烯酸	2.69±1.40*	3.69±1.43	0.006	3.67±1.71*	5.18±2.19	0.000
ω-3多不饱和脂肪酸	3.70±1.70*	4.80±1.70	0.012	4.75±2.34,	7.16±2.58	0.001

结果以测定的总脂肪酸的百分比（%）表示。数值为平均SD。M0：出生时；M1：产后1个月；M2：产后2.5个月；M3：产后4个月；NOV：来自静脉的脐带血；NOA：来自动脉的脐带血；N1：出生后2.5个月。

肪酸与神经酸之间的相互作用尚不清楚，但这项研究中，观察到分娩时母亲血浆中神经酸水平（24：1 ω-9）增加；脐带血浆中神经酸水平也增加。提供了补充 ω-3 长链多不饱和脂肪酸可提高母体和婴儿红细胞以及母乳中神经酸水平的证据。

第三节 神经酸与婴幼儿疾病

一、神经酸与注意缺陷多动障碍

注意缺陷多动障碍（attention deficit hyperactivity disorder，ADHD）是用来描述注意力不集中、冲动和多动的儿童的术语。注意缺陷多动障碍会导致的问题包括：学业受损、同伴关系差和社会适应功能的异常等。ADHD 被认为影响了中国 3% 的学龄人口，男孩比女孩更易患病[46]。全球的系统评价报告也指出，ADHD 的患病率高达 2%～18%[47]。在中国台湾，2% 的学龄儿童被诊断为多动症[48]。目前 ADHD 的病因尚不清楚，但一般认为是多因素影响的[49]。一项研究评估了中国台湾地区台北市的饮食模式，并比较了对照组和 ADHD 儿童的血浆和红细胞膜脂质的脂肪酸组成，用于发现 ADHD 儿童的营养缺陷。

与正常儿童相比，ADHD 儿童组 18：1 ω-9（油酸）的平均含量显著升高；而 24：1 ω-9（神经酸）、18：2 ω-6（亚油酸）、20：4 ω-6（花生四烯酸）和 22：6 ω-3（二十二碳六烯酸）的平均浓度显著降低。总 ω-6 脂肪酸的平均浓度在两组之间没有差异；ADHD 儿童的总 ω-3 脂肪酸平均含量显著低于对照组；ω-6/ω-3 脂肪酸的平均比值显著高于对照组。见表 3-5。

表 3-5　对照组和 ADHD 患者红细胞细胞膜磷脂脂肪酸组成

	对照组	ADHD 组
饱和脂肪酸		
14：0	1.08±0.60	1.58±045
16：0	22.96±3.45	23.90±1.34
18：0	15.75±2.30	16.02±2.34
20：0	5.38±2.07	5.51±0.99

续表

	对照组	ADHD组
单不饱和脂肪酸		
18：1 ω-9	15.36±2.18	18.32±5.65*
20：1 ω-9	1.30±2.22	1.86±0.68
24：1 ω-9	1.35±0.86	1.08±0.86*
多不饱和脂肪酸（ω-6）		
18：2 ω-6	20.08±2.05	16.04±0.36*
18：3 ω-6	0.11±0.61	0.26±0.12
20：3 ω-6	1.05±0.82	1.35±0.35
20：4 ω-6	11.51±3.32	9.91±1.35*
22：4 ω-6	0.96±1.25	0.90±0.21
多不饱和脂肪酸（ω-3）		
18：3 ω-3	0.09±0.02	0.05±0.08
20：5 ω-3	0.18±0.11	0.15±0.02
22：5 ω-3	1.32±0.23	1.48±0.97
22：6 ω-3	2.08±0.94	1.35±0.37*
总脂肪酸和比值		
ω-6总脂肪酸	34.01±3.82	28.19±4.63
ω-3总脂肪酸	3.58±1.56	2.53±1.34*
ω-6/ω-3比值	9.65±1.82	11.07±235*

根据上表得知，ADHD患儿红细胞膜磷脂中油酸含量较高，神经酸含量较低。在生物体内，油酸通过碳链的延伸可以转化为神经酸，ADHD患儿显著积累油酸而神经酸含量较低，暗示着患儿具有长链单不饱和脂肪酸转化障碍。因此，对患有ADHD的儿童适当补充神经酸，对症状的改善有一定的作用。

二、神经酸与Zellweger综合征

脑肝肾综合征又称Zellweger综合征，是一种过氧化物酶体疾病，伴有严重的超长链脂肪酸代谢紊乱，导致严重的精神运动迟缓、视网膜病变、肝脏等疾病。缺乏过氧化物酶体及其酶，影响缩醛磷脂合成和超长链脂肪

酸的β氧化，是Zellweger综合征的特征。Tanaka等[50]在Zellwegar综合征中首次尝试富含神经酸（C24：1）的月桂油，具体实验用油情况见表3-6。

表3-6 实验中用油脂的情况说明

	罗伦佐油	月桂油		罗伦佐油	月桂油
油酸（18：1ω-9）	70.4	23.4	芥酸（22：1ω-9）	18.7	45.8
亚油酸（18：2ω-6）	2.4	4.8	神经酸（24：1ω-9）	0.4	21.8
α-亚麻酸（18：3ω-3）	0.3	0.1			

在这项研究中，发现了罗伦佐油、月桂油和二十二碳六烯酸的早期饮食治疗可以减轻典型Zellwegar综合征患者的多器官损伤，并改善神经发育；长链不饱和脂肪酸（罗伦佐油和月桂油）可以有效地降低超长链不饱和脂肪酸的积累。这是首次报道月桂油对Zellweger综合征患者的疗效。通过此研究可发现，早期进行长链不饱和脂肪酸的饮食干预可促进脑肝肾综合征患者神经系统的发育，对该疾病的治疗有一定程度上的帮助。

三、神经酸与新生儿缺血缺氧性脑病的关系

新生儿缺氧缺血性脑病（hypoxic ischemic encephalopathy，HIE）主要由胎儿宫内窘迫或生后窒息引起。这种由低氧血症和脑灌注不足引起的急性和慢性脑组织损伤，常与神经元发育障碍有关[51]，若未采取及时的治疗措施，可导致不同程度的神经系统后遗症[52]，尤其对其智力发育产生消极作用，严重情况下甚至导致患者出现病残，进而对其生命健康产生威胁[53]。

在早产儿中，缺氧缺血主要通过影响前少突胶质细胞导致脑不同区域的脑白质和灰质损伤[54-56]，而足月儿主要脑损伤区域包括基底神经节和丘脑。由于双侧颅脑周围皮层和中央灰质核受损，出现较为严重的脑病和癫痫[57]。Dhobale等[58]通过比较58名早产妇女和44名足月分娩妇女的长链多不饱和脂肪酸水平，与胎盘质量和分娩结局的关系，发现神经酸与早产儿头围呈正相关，能促进婴儿神经系统的发育和生长；同时，神经酸水平也被认为是反映大脑成熟的指标[59]，是胎儿和婴儿大脑和视觉功能发育所必需的营养素[27]。袁华等[60]研究证明神经酸可以一定程度上减轻1-溴丙烷（1-bromopropane，1-BP）所带来的学习认知功能损伤，并在实验中观

察到神经酸对1-BP认知功能损伤的保护作用和抗氧化作用程度一致。

鞘脂可分为鞘磷脂、鞘糖脂和神经节苷脂3个亚类[61]，是大脑白质和有髓神经纤维的重要组成部分。实验证明当摄入外源性神经酸后，可以在体内促进少突胶质细胞的鞘糖脂和鞘磷脂合成，加快神经纤维髓鞘化，使其外表脱落的髓鞘再生，促进受损神经纤维的恢复[62]。胆碱是细胞和线粒体膜以及神经递质乙酰胆碱的组成成分，是细胞膜结构完整性和信号转导功能所必需的营养物质。同时，胆碱在胎儿发育过程影响干细胞的增殖和凋亡，从而改变大脑的结构和功能[63-66]。Craciunescu等[66]使用动物模型证明胆碱对正常的大脑发育至关重要。所以，神经酸可能通过影响胆碱代谢，促进其磷酸化[67]，增加甘油磷脂和鞘脂类代谢物质生成，防止HIE所致的神经细胞凋亡和死亡，维持细胞成活，进而改善脑神经功能。此外，核转录因子-κB（NF-κB）信号通路主要调控免疫、应激反应、细胞凋亡和分化等。多种刺激结合在NF-κB激活上，进而介导不同的转录程序[68]。神经酸可能通过NF-κB信号通路抑制少突胶质前体细胞分泌多种促炎因子，参与在髓鞘形成过程中免疫细胞的募集，并促进生长因子的合成，增强中枢神经系统的再生能力[69]。CD4辅助性T细胞活化后分化为Th1或Th2效应亚群，这两种类型的细胞产生不同的细胞因子和调节不同的免疫反应，神经酸可能在调节细胞及体液免疫方面有一定作用。醚脂质是过氧异构衍生的甘油磷脂，除了结构作用，醚脂质也被认为是内源性抗氧化剂，它们参与细胞分化和信号通路[70]。研究发现，醚脂质缺乏的大鼠模型和患者在中枢和外周神经系统中经常出现髓鞘形成缺陷[71]。胎儿大脑因为不饱和脂肪酸和金属催化自由基反应大量存在、抗氧化剂水平很低，是一个特别容易受到氧化应激影响的环境[72]。缺氧缺血产生的活性氧自由基对脂质、蛋白质和核酸造成重要损伤，导致其氧化和DNA变性[73]。所以外源性补充神经酸后可能通过影响醚脂质代谢，增强细胞抗氧化作用，从而恢复神经细胞功能。

参 考 文 献

[1] 韩锋, 王建民, 邓邵清, 等. 食品添加剂新品种——神经酸对改善记忆的影响及在益智食品方面的应用研究进展 [J]. 中国供销商情 (乳业导刊), 2003, 14 (1): 18-20.

[2] SVENNERHOLM L. Distribution and fatty acid composition of phosphoglycerides in

normal human brain [J]. J Lipid Res, 1968, 9 (5): 570-579.

［3］ 王性炎, 王姝清. 神经酸新资源——元宝枫油 [J]. 中国油脂, 2005, 30 (9): 60-62.

［4］ SALEM N J R, WEGHER B, MENA P, et al. Arachidonic and docosahexaenoic acids are biosynthesized from their 18-carbon precursors in human infants [J]. Proc Natl Acad Sci U S A, 1996, 93 (1): 49-54.

［5］ BABIN F, SARDA P, LIMASSET B, et al. Nervonic acid in red blood cell sphingomyelin in premature infants: an index of myelin maturation? [J]. Lipids, 1993, 28 (7): 627-630.

［6］ COOK C, BARNETT J, COUPLAND K, et al. Effects of feeding Lunaria oil rich in nervonic and erucic acids on the fatty acid compositions of sphingomyelins from erythrocytes, liver, and brain of the quaking mouse mutant [J]. Lipids, 1998, 33 (10): 993-1000.

［7］ SALA-VILA A, CASTELLOTE A I, CAMPOY C, et al. The source of long-chain PUFA in formula supplements does not affect the fatty acid composition of plasma lipids in full-term infants [J]. J Nutr, 2004, 134 (4): 868-873.

［8］ UZMAN L L, RUMLEY M K. Changes in the composition of the developing mouse brain during early myelination [J]. J Neurochem, 1958, 3 (2): 170-184.

［9］ NAGAE L M, HOON A H JR, STASHINKO E, et al. Diffusion tensor imaging in children with periventricular leukomalacia: variability of injuries to white matter tracts [J]. AJNR Am J Neuroradiol, 2007, 28 (7): 1213-1222.

［10］ MOSER A B, KREITER N, BEZMAN L, et al. Plasma very long chain fatty acids in 3000 peroxisome disease patients and 29, 000 controls [J]. Ann Neurol, 1999, 45 (1): 100-110.

［11］ MOSER A B, JONES D S, RAYMOND G V, et al. Plasma and red blood cell fatty acids in peroxisomal disorders [J]. Neurochem Res, 1999, 24 (2): 187-197.

［12］ YEH Y Y. Long chain fatty acid deficits in brain myelin sphingolipids of undernourished rat pups [J]. Lipids, 1988, 23 (12): 1114-1118.

［13］ MARTÍNEZ M, MOUGAN I. Fatty acid composition of human brain phospholipids during normal development [J]. J Neurochem, 1998, 71 (6): 2528-2533.

［14］ MARTINEZ M. Tissue levels of polyunsaturated fatty acids during early human development [J]. J Pediatr, 1992, 120 (4 Pt 2): 129-138.

［15］ MEHENDALE S, KILARI A, DANGAT K, et al. Fatty acids, antioxidants, and oxidative stress in pre-eclampsia [J]. Int J Gynaecol Obstet, 2008, 100 (3): 234-238.

［16］ KULKARNI A V, MEHENDALE S S, YADAV H R, et al. Circulating angiogenic factors and their association with birth outcomes in preeclampsia [J]. Hypertens Res, 2010, 33 (6): 561-567.

[17] CETIN I, ALVINO G, CARDELLICCHIO M. Long chain fatty acids and dietary fats in fetal nutrition [J]. J Physiol, 2009, 587 (Pt 14): 3441-3451.

[18] LARQUÉ E, GIL-SÁNCHEZ A, PRIETO-SÁNCHEZ M T, et al. Omega 3 fatty acids, gestation and pregnancy outcomes [J]. Br J Nutr, 2012, 107 Suppl 2: 77-84.

[19] ROY S, DHOBALE M, DANGAT K, et al. Differential levels of long chain polyunsaturated fatty acids in women with preeclampsia delivering male and female babies [J]. Prostaglandins Leukot Essent Fatty Acids, 2014, 91 (5): 227-232.

[20] SARGENT J R, COUPLAND K, WILSON R. Nervonic acid and demyelinating disease [J]. Med Hypotheses, 1994, 42 (4): 237-242.

[21] ASSIES J, POUWER F, LOK A, et al. Plasma and erythrocyte fatty acid patterns in patients with recurrent depression: a matched case-control study [J]. PLoS One, 2010, 5 (5): 10635.

[22] INNIS S M. Fatty acids and early human development [J]. Early Hum Dev, 2007, 83 (12): 761-766.

[23] RAMEL S E, BELFORT M B. Preterm nutrition and the brain [J]. World Rev Nutr Diet, 2021, 122: 46-59.

[24] NTOUMANI E, STRANDVIK B, SABEL K G. Nervonic acid is much lower in donor milk than in milk from mothers delivering premature infants—of neglected importance? [J]. Prostaglandins Leukot Essent Fatty Acids, 2013, 89 (4): 241-244.

[25] SVENNERHOLM L, VANIER M T. Lipid and fatty acid composition of human cerebral myelin during development [J]. Adv Exp Med Biol, 1978, 100: 27-41.

[26] STAELLBERG-STENHAGEN S, SVENNERHOLM L. Fatty acid composition of human brain sphingomyelins: normal variation with age and changes during myelin disorders [J]. J Lipid Res, 1965, 6: 146-155.

[27] SVENNERHOLM L, STÄLLBERG-STENHAGEN S. Changes in the fatty acid composition of cerebrosides and sulfatides of human nervous tissue with age [J]. J Lipid Res, 1968, 9 (2): 215-225.

[28] BRODY B A, KINNEY H C, KLOMAN A S, et al. Sequence of central nervous system myelination in human infancy. I. An autopsy study of myelination [J]. J Neuropathol Exp Neurol, 1987, 46 (3): 283-301.

[29] BOURRE J M, PATURNEAU-JOUAS M Y, DAUDU O L, et al. Lignoceric acid biosynthesis in the developing brain. Activities of mitochondrial acetyl-CoA-dependent

synthesis and microsomal malonyl-CoA chain-elongating system in relation to myelination. Comparison between normal mouse and dysmyelinating mutants (quaking and jimpy) [J]. Eur J Biochem, 1977, 72 (1): 41-47.

[30] DOBBING J, SANDS J. Quantitative growth and development of human brain [J]. Arch Dis Child, 1973, 48 (10): 757-767.

[31] BALLABRIGA A, MARTÍNEZ M. A chemical study on the development of the human forebrain and cerebellum during the brain "growth spurt" period. II. Phosphoglyceride fatty acids [J]. Brain Res, 1978, 159 (2): 363-370.

[32] FARQUHARSON J, JAMIESON E C, ABBASI K A, et al. Effect of diet on the fatty acid composition of the major phospholipids of infant cerebral cortex [J]. Arch Dis Child, 1995, 72 (3): 198-203.

[33] MARTÍNEZ M. Myelin lipids in the developing cerebrum, cerebellum, and brain stem of normal and undernourished children [J]. J Neurochem, 1982, 39 (6): 1684-1692.

[34] JAMIESON E C, FARQUHARSON J, LOGAN R W, et al. Infant cerebellar gray and white matter fatty acids in relation to age and diet [J]. Lipids, 1999, 34 (10): 1065-1071.

[35] RUTHERFORD M A, SUPRAMANIAM V, EDERIES A, et al. Magnetic resonance imaging of white matter diseases of prematurity [J]. Neuroradiology, 2010, 52 (6): 505-521.

[36] HENRIKSEN C, HAUGHOLT K, LINDGREN M, et al. Improved cognitive development among preterm infants attributable to early supplementation of human milk with docosahexaenoic acid and arachidonic acid [J]. Pediatrics, 2008, 121 (6): 1137-1145.

[37] NTOUMANI E, STRANDVIK B, SABEL K G. Nervonic acid is much lower in donor milk than in milk from mothers delivering premature infants—of neglected importance? [J]. Prostaglandins Leukot Essent Fatty Acids, 2013, 89 (4): 241-244.

[38] MARTINEZ M, MOUGAN I. Fatty acid composition of brain glycerophospholipids in peroxisomal disorders [J]. Lipids, 1999, 34 (7): 733-740.

[39] ISAACS E B, FISCHL B R, QUINN B T, et al. Impact of breast milk on intelligence quotient, brain size, and white matter development [J]. Pediatr Res, 2010, 67 (4): 357-362.

[40] SIMMER K, PATOLE S K, RAO S C. Long-chain polyunsaturated fatty acid supplementation in infants born at term [J]. Cochrane Database Syst Rev, 2011 (12): CD000376.

[41] MAKRIDES M, GIBSON R A, MCPHEE A J, et al. Neurodevelopmental outcomes of preterm infants fed high-dose docosahexaenoic acid: a randomized controlled trial [J]. JAMA, 2009, 301 (2): 175-182.

[42] BOYD E M. The lipemia of pregnancy [J]. J Clin Invest, 1934, 13 (2): 347-363.

[43] SCHUCHARDT J P, HUSS M, STAUSS-GRABO M, et al. Significance of long-chain polyunsaturated fatty acids (PUFAs) for the development and behaviour of children [J]. Eur J Pediatr, 2010, 169 (2): 149-164.

[44] HIBBELN J R, DAVIS J M, STEER C, et al. Maternal seafood consumption in pregnancy and neurodevelopmental outcomes in childhood (ALSPAC study): an observational cohort study [J]. Lancet, 2007, 369 (9561): 578-585.

[45] AMMINGER G P, SCHÄFER M R, KLIER C M, et al. Decreased nervonic acid levels in erythrocyte membranes predict psychosis in help-seeking ultra-high-risk individuals [J]. Mol Psychiatry, 2012, 17 (12): 1150-1152.

[46] LEUNG P W, LUK S L, HO T P, et al. The diagnosis and prevalence of hyperactivity in Chinese schoolboys [J]. Br J Psychiatry, 1996, 168 (4): 486-496.

[47] ROWLAND A S, LESESNE C A, ABRAMOWITZ A J. The epidemiology of attention-deficit/hyperactivity disorder (ADHD): a public health view [J]. Ment Retard Dev Disabil Res Rev, 2002, 8 (3): 162-170.

[48] WANG Y C, CHONG M Y, CHOU W J, et al. Prevalence of attention deficit hyperactivity disorder in primary school children in Taiwan [J]. J Formos Med Assoc, 1993, 92 (2): 133-138.

[49] ZAMETKIN A J, RAPOPORT J L. Neurobiology of attention deficit disorder with hyperactivity: where have we come in 50 years? [J]. J Am Acad Child Adolesc Psychiatry, 1987, 26 (5): 676-686.

[50] TANAKA K, SHIMIZU T, OHTSUKA Y, et al. Early dietary treatments with Lorenzo's oil and docosahexaenoic acid for neurological development in a case with Zellweger syndrome [J]. Brain Dev, 2007, 29 (9): 586-589.

[51] TROLLMANN R, GASSMANN M. The role of hypoxia-inducible transcription factors in the hypoxic neonatal brain [J]. Brain Dev, 2009, 31 (7): 503-509.

[52] 张鹏, 程国强. 亚低温治疗新生儿缺氧缺血性脑病的研究进展 [J]. 中国当代儿科杂志i, 2013, 15 (10): 918-922.

[53] 李洪波, 山其米克, 徐娟, 等. 新生儿不同时期血清维生素D对缺氧缺血性脑病诊断价值比较 [J]. 中国当代医药, 2021, 28 (30): 127-129.

[54] AL-MACKI N, MILLER S P, HALL N, et al. The spectrum of abnormal neurologic

outcomes subsequent to term intrapartum asphyxia [J]. Pediatr Neurol, 2009, 41 (6): 399-405.

[55] JANTZIE L L, ROBINSON S. Placenta and perinatal brain injury: the gateway to individualized therapeutics and precision neonatal medicine [J]. Pediatr Res, 2020, 87 (5): 807-808.

[56] BACK S A, RIDDLE A, MCCLURE M M. Maturation-dependent vulnerability of perinatal white matter in premature birth [J]. Stroke, 2007, 38 (2 Suppl): 724-730.

[57] MILLER S P, RAMASWAMY V, MICHELSON D, et al. Patterns of brain injury in term neonatal encephalopathy [J]. J Pediatr, 2005, 146 (4): 453-460.

[58] DHOBALE M V, WADHWANI N, MEHENDALE S S, et al. Reduced levels of placental long chain polyunsaturated fatty acids in preterm deliveries [J]. Prostaglandins Leukot Essent Fatty Acids, 2011, 85 (3-4): 149-153.

[59] BABIN F, SARDA P, LIMASSET B, et al. Nervonic acid in red blood cell sphingomyelin in premature infants: an index of myelin maturation? [J]. Lipids, 1993, 28 (7): 627-630.

[60] 袁华, 王清华, 王韵阳, 等. 二十二碳六烯酸和神经酸对1-溴丙烷染毒大鼠学习记忆的影响 [J]. 中华劳动卫生职业病杂志, 2013, 31 (11): 806-810.

[61] MENCARELLI C, MARTINEZ-MARTINEZ P. Ceramide function in the brain: when a slight tilt is enough [J]. Cell Mol Life Sci, 2013, 70 (2): 181-203.

[62] DEMAR J C J R, MA K, CHANG L, et al. alpha-Linolenic acid does not contribute appreciably to docosahexaenoic acid within brain phospholipids of adult rats fed a diet enriched in docosahexaenoic acid [J]. J Neurochem, 2005, 94 (4): 1063-1076.

[63] LOY R, HEYER D, WILLIAMS C L, et al. Choline-induced spatial memory facilitation correlates with altered distribution and morphology of septal neurons [J]. Adv Exp Med Biol, 1991, 295: 373-382.

[64] MECK W H, WILLIAMS C L. Metabolic imprinting of choline by its availability during gestation: implications for memory and attentional processing across the lifespan [J]. Neurosci Biobehav Rev, 2003, 27 (4): 385-399.

[65] MELLOTT T J, WILLIAMS C L, MECK W H, et al. Prenatal choline supplementation advances hippocampal development and enhances MAPK and CREB activation [J]. FASEB J, 2004, 18 (3): 545-547.

[66] CRACIUNESCU C N, ALBRIGHT C D, MAR M H, et al. Choline availability during embryonic development alters progenitor cell mitosis in developing mouse hippocampus [J]. J Nutr, 2003, 133 (11): 3614-3618.

[67] CORBIN K D, ZEISEL S H. Choline metabolism provides novel insights into nonalcoholic fatty liver disease and its progression [J]. Curr Opin Gastroenterol, 2012, 28 (2): 159-165.

[68] OECKINGHAUS A, HAYDEN M S, GHOSH S. Crosstalk in NF-κB signaling pathways [J]. Nat Immunol, 2011, 12 (8): 695-708.

[69] LEWKOWICZ N, PIATEK P, NAMIECIŃSKA M, et al. Naturally occurring nervonic acid ester improves myelin synthesis by human oligodendrocytes [J]. Cells, 2019, 8 (8): 786.

[70] DEAN J M, LODHI I J. Structural and functional roles of ether lipids [J]. Protein Cell, 2018, 9 (2): 196-206.

[71] DA SILVA T F, SOUSA V F, MALHEIRO A R, et al. The importance of ether-phospholipids: a view from the perspective of mouse models [J]. Biochim Biophys Acta, 2012, 1822 (9): 1501-1508.

[72] ZUBROW A B, DELIVORIA-PAPADOPOULOS M, ASHRAF Q M, et al. Nitric oxide-mediated Ca^{2+}/calmodulin-dependent protein kinase IV activity during hypoxia in neuronal nuclei from newborn piglets [J]. Neurosci Lett, 2002, 335 (1): 5-8.

[73] GRECO P, NENCINI G, PIVA I, et al. Pathophysiology of hypoxic-ischemic encephalopathy: a review of the past and a view on the future [J]. Acta Neurol Belg, 2020, 120 (2): 277-288.

第四章
神经酸与脑疾病

通过对人的大脑白质和髓鞘脂质的研究发现，人类大脑复合脂质中的主要成分是神经酸。复合脂质包括神经节苷脂、脑苷脂、硫苷脂和鞘磷脂，神经酸在其中的含量分别为24.1%、45.7%、48.0%和35.0%[1]。作为一种超长链单不饱和脂肪酸，神经酸是构成大脑神经细胞髓鞘的核心成分，且具有修复受损的脑神经纤维、促进神经元再生的功能。人体缺乏神经酸会导致失眠健忘、脑萎缩、脑白质病变等多种神经退行性疾病。而神经酸的补充能够有效缓解这类疾病。此外，神经酸的添加对代谢异常、心脑血管疾病和增强免疫力也有所改善。可见，神经酸对人类大脑的结构和功能具有重要影响。鉴于神经酸对人脑健康的重要性，已经引起广大医药研究者的兴趣，国内外关于神经酸的研究也逐年增多。本章将根据国内外的研究对神经酸在预防和治疗脑病中的应用等诸方面，进行比较全面的综述。

第一节 神经酸与神经系统变性疾病

一、阿尔茨海默病

阿尔茨海默病（Alzheimer's disease，又称"老年性痴呆"）是一种最常见的神经退行性疾病。其特征性病理变化为大脑皮层萎缩，并伴有β-淀粉样蛋白（β-amyloid，β-AP）沉积，神经原纤维缠结（neurofibrillary tangles，NFT），大量记忆性神经元数目减少，以及老年斑（senile plaque，SP）的形成。目前尚无特效药或逆转疾病进展的治疗药物[2]。

2012年4月，世界卫生组织和国际老年痴呆症协会共同发布的题为《痴呆症：一项公共卫生重点》的报告指出，2010年全世界有3560万人患有痴呆症，预计其患者人数几乎会每20年翻1倍，即2030年将达6570万人，而到2050年将达到1亿1540万人。第七次全国人口普查结果显示，我国60岁及以上人口为2亿6402万人，占18.70%（其中65岁及以上人口为1亿9064万人，占13.50%）。与2010年相比，60岁及以上人口的比重上升5.44个百分点。数据表明，人口老龄化程度进一步加深，未来一段时期将持续面临人口长期均衡发展的压力。王建民等[3]报道了神经酸在神经系统疾病方面的应用研究成果，使预防中枢神经纤维损坏及有效提高记忆性神经元活性的研究工作迈进了一步。该研究小组在动物实验中发现，神经酸可抑制乙酰胆碱酯酶活性，减少乙酯胆碱分解，提高海马蛋白含量，对东莨菪碱所致记忆获得性障碍具有显著的改善作用。神经酸主要是以鞘糖脂（神经酸占48.0%）和鞘磷脂（神经酸占35.0%）的结构存在于髓鞘中，有利于稳定神经系统及促进记忆性神经元细胞活性，起到改善大脑，增强记忆，改善思维、分析判断、视觉空间辨认等方面的能力。

Umemoto等[4]在帕金森病（Parkinson's disease）和阿尔茨海默病等神经退行性疾病中观察到人脑中的氧化压力增加，并被认为是这些疾病状态进展的主要原因。在中枢神经系统中，神经酸是在各种鞘磷脂中发现的主要的长链脂肪酸。在形成质膜的脂质双分子层和维持正常的髓鞘功能方面起着重要作用。在这项研究中，观察神经酸对大鼠嗜铬细胞瘤（PC-12）细胞受6-羟基多巴胺（6-OHDA）刺激的神经保护作用，该细胞是帕金森病的一个细胞模型。用不同浓度的神经酸预处理PC-12细胞48小时，然后用神经酸和6-OHDA共同处理48小时以诱导细胞氧化应激。不同浓度神经酸预处理48小时PC-12细胞后的细胞存活率见图4-1。

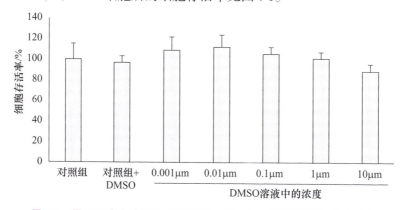

图4-1 用不同浓度神经酸预处理48小时PC-12细胞后的细胞存活率

该研究发现，用极低浓度的神经酸预处理后，细胞的活力明显增加。经神经酸处理的细胞中丙二醛（一种脂质过氧化的标志物）的水平明显下降。超氧化物歧化酶（Mn SOD 和 Cu/Zn SOD）和负责合成谷胱甘肽的 γ-谷氨酰半胱氨酸合成酶（GCLC）的表达水平明显增加，表明用神经酸预处理激活了细胞的抗氧化防御系统。这些结果表明，神经酸可能在大脑中发挥神经保护介质的作用。

二、改善认知功能

大样本的研究结果显示，中国认知障碍的患病率约为14.71%，研究还发现老年人、女性和农村人口的患病率更高。平均而言，每年有10%~15%的认知障碍者发展为阿尔茨海默病[5]。

阿尔茨海默病是一种常见于老年或者老年前期，以进行性认知功能障碍和行为损害为特征的中枢神经系统退行性病变，是一种老年期的痴呆。而认知障碍是一种常见的临床症状，可以表现在阿尔茨海默病当中。所以，阿尔茨海默病是一种疾病，而认知障碍是临床症状。1990年，Petersen[6]提出了轻度认知障碍（MCI）的概念，指的是介于正常衰老和轻度痴呆之间的临床状态，患者有明显的记忆障碍或轻微的其他认知障碍，但不影响日常生活。

宝枫生物研发团队在食品科技领域顶级期刊 *Food & Function* 上发表名为 *Cognitive Improvement Effect of Nervonic Acid and Essential Fatty Acids on Rats Ingesting Acer truncatum Bunge Seed Oil Revealed by Lipidomics Approach* 的研究成果[7]。这是全球首次通过脂质组学的研究方法，揭示了摄入元宝枫籽油后神经酸及必需脂肪酸提高认知功能的作用机制，为神经酸改善认知功能方面提供了科学依据。

该研究采用经典的莫里斯（Morris）水迷宫实验观察了补充元宝枫籽油是否可以增强大鼠的记忆力。研究人员在导航训练阶段（第1天至第6天），记录了每只大鼠到达莫里斯平台的逃逸潜伏期，并将每只大鼠的时间与第1天的时间作为基线进行对比。通过图4-2我们可以观察到在6天的训练中，元宝枫籽油组和对照组的潜伏期都在持续下降。在第2、3天和第6天，元宝枫籽油组的潜伏时间明显少于对照组的潜伏时间。随着天数

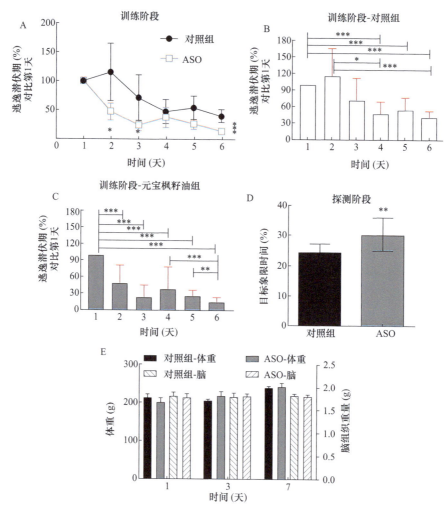

图 4-2　元宝枫籽油改善了大鼠的记忆

注：图 A 为训练阶段水迷宫实验大鼠登录平台时间，对比对照组和元宝枫籽油组不同给药天数；图 B、C 分别为对照组与元宝枫籽油组根据第 1 天数据进行对比分析结果；图 D 为水迷宫实验探针实验中，大鼠在目标象限停留时间；图 E 为对照组和元宝枫籽油处理组大鼠体重、脑质量；与对照组比较，$*P<0.05$，$**P<0.01$，$***P<0.001$。

的增加，对照组和元宝枫籽油组的大鼠平台着陆时间都明显比第 1 天短。元宝枫籽油第 2 天着陆时间明显高于第 1 天开始时，然后持续下降。相比之下，对照组从第 4 天起才有明显差异。虽然第 6 天和第 3 天的大鼠的学习能力优于对照组，但两者之间差异并没有统计学意义。在第 7 天的试验中，元宝枫籽油组在目标象限的时间为30.3%，明显长于对照组在目标象限的时间（24.3%）。

以上现象表明了大鼠在补充元宝枫籽油后空间记忆能力得到了改善。随后，在探查实验中，元宝枫籽油组的大鼠也表现出对平台所在目标象限的偏好。

此外，该研究为了弄清补充元宝枫籽油带来的脂肪酸的变化，选择了元宝枫籽油中的前5个不饱和脂肪酸链。计算从第1天到第7天，所有包含分支的代谢产物脂肪酸链亚油酸（C18:2 ω-6），油酸（C18:1 ω-9）、二十碳烯酸（C20:1 ω-9），芥酸（C22:1 ω-9）和神经酸（C24:1 ω-9），还展示了众所周知的脑营养物质二十二碳六烯酸（C22:6 ω-3）的变化，见图4-3。总体结果显示，在补充元宝枫籽油后第1~3天，血清中只有神经酸显著积累，脑内二十二碳六烯酸、亚油酸、油酸、二十碳烯酸和神经酸显著增加。但在补元宝枫籽油后第7天，血清中二十二碳六烯酸、二十碳烯酸、神经酸继续积累，而脑内二十二碳六烯酸、亚油酸、油酸、神经酸含量下降。

为了进一步研究元宝枫籽油补充剂导致的神经酸、油酸、芥酸和二十二碳六烯酸的变化，该研究分析了这些脂肪酸的不同分子形式，这些脂肪酸已经被报道有助于改善记忆。血清结果显示，与对照组相比，神经酸（C24:1 ω-9）脂质中，主要是磷脂酰胆碱（24:1）和磷脂酰胆碱（P-24:1）显著上调。在油酸（C18:1 ω-9）的脂质中，主要是酸性的糖鞘脂

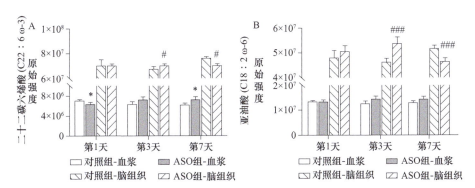

图4-3　元宝枫籽油治疗第1天、3天、7天后血清和脑组织中二十二碳六烯酸、亚油酸、油酸、二十碳烯酸、芥酸、神经酸等脂肪酸含量的变化

注：图A为C22:6ω-3、图B为C18:2ω-6、图C为C18:1ω-9、图D为C20:1ω-9、图E为C22:1ω-9、图F为C24:1ω-9在血清和脑组织中的含量变化；与对照组相比，#$P<0.05$，*$P<0.05$，###$P<0.001$，***$P<0.001$。

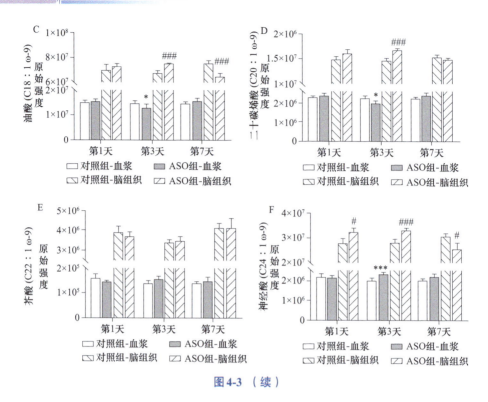

图 4-3（续）

质（18:1）、神经酰胺（18:1）、羟基脂肪酸脂肪酸酯（18:1）和磷脂酰胆碱（18:1）显著增加。芥酸（C22:1 ω-9）中溶血磷脂酰胆碱（22:1）显著升高，而二十二碳六烯酸（C22:6 ω-3）中主要是二酰甘油（22:6）和甘油三酯（22:6）在第1天至第7天显著升高。血清和脑组织中神经酸、油酸、芥酸、二十二碳六烯酸不同分子形态的变化见图 4-4。

结果显示，第3天脑内神经酸（C24:1 ω-9）的溶血磷脂酰胆碱（24:1）和 PE-cer（P-24:1）显著升高，第7天磷脂酰胆碱（24:1）显著升高，溶血磷脂酰乙醇胺（24:1）显著降低。在油酸（C18:1 ω-9）的脂质中，主要是磷脂酰乙醇胺（18:1）、磷脂酰乙醇胺（O-18:1）和磷脂酰乙醇胺（P-18:1）在第1天和第3天显著升高，而在第7天，酸性脂质（18:1）、溶血磷脂酰胆碱（18:1）、溶血磷脂酰乙醇胺（18:1）和磷脂酰胆碱（18:1）显著降低，胞苷二磷酸-二酰甘油（18:1）、DGTA（18:1）、中性糖苷脂质（18:1）显著升高。芥酸（C22:1 ω-9）的脂质主要是溶血磷脂酸（22:1）、溶血磷脂酰胆碱（22:1）、磷脂酸（P-22:1）和甘油三酯

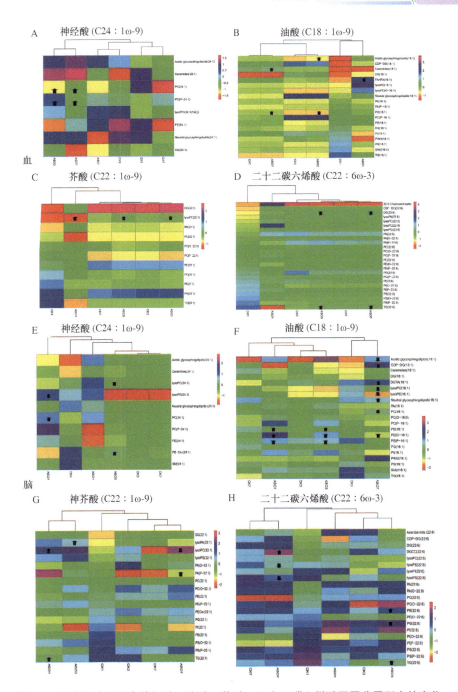

图4-4 血清和脑组织中神经酸、油酸、芥酸、二十二碳六烯酸不同分子形态的变化

注：神经酸、油酸、芥酸、二十二碳六烯酸不同分子形态在血清（图A～D）和脑（图E～H）中的变化聚类热图；与对照组相比，箭头表示显著增加或减少；ASO1、ASO3和ASO7表示第1、3天和第7天给药。

（22∶1），第1～7天，溶血磷脂酰胆碱（22∶1）明显升高，而第7天，溶血磷脂酰胆碱（22∶1）下降。在二十二碳六烯酸（C22∶6 ω-3）脂质中DGCC（22∶6）、磷脂酰乙醇胺（22∶6）、磷脂酰甘油（22∶6）、甘油三酯（22∶6）在第3～7天显著上调，而溶血磷脂酰乙醇胺（22∶6）、磷脂酰丝氨酸（22∶6）在第7天显著降低。

总的来说，所有的物质在第3天显示出明显的上升趋势，而在第7天，所有的物质都减少了，包括二十二碳六烯酸和神经酸。元宝枫籽油组和对照组的脂肪酸变化表明，元宝枫籽油调节脂质重塑的反应更快，可能是为了改善大鼠的认知能力。

同时，该研究发现C24∶1 ω-9是在血清鞘磷脂（SP）中筛选到的唯一的脂肪酸链，同时其水平在血清与脑中呈正相关，可作为生物标志物，包括血清中的［神经酰胺，Cerd18∶1/24∶1（15Z）］、鞘脂（SM，d17∶1/24∶1）、半乳糖基神经酰胺［GalCer, d18∶1/24∶1（15Z）］及脑中的PC［24∶1（15Z）/18∶1］、［18∶0/24∶1（15Z）］和PC［24∶1（15Z）/18∶3（9Z，12Z，15Z）］。第3天、第7天血清与脑代谢物相关性分析见图4-5。

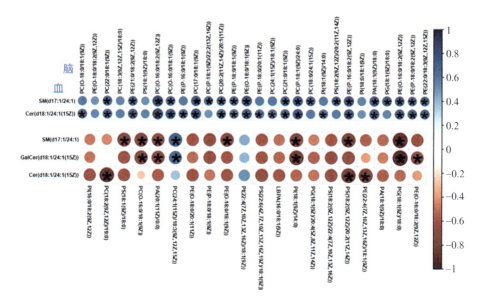

图4-5　第3天（图A）、第7天（图B）血清与脑代谢物相关性分析

注：与对照组比较，*P≤0.05；PC：卵磷脂；PE：磷脂酰胆碱；PS：丝氨酸磷脂；PG：磷脂酰甘油；PA：磷脂酸　PI：磷脂酰肌醇；SM：鞘磷脂；GalCer：半乳糖基神经酰胺；Cer：神经酰胺。

Cer是复杂鞘脂生物合成和降解的关键鞘脂代谢产物,SM和PC是细胞膜和血浆脂蛋白的结构成分,是神经功能不可或缺的物质,在大脑中发挥着不同的作用。SM是髓鞘的组成部分,在髓鞘相关功能中起着关键作用,而PC则参与轴突的生长。前期研究和C24∶1 ω-9在血清和脑中的KEGG通路分析表明,C24∶1 ω-9生物标志物的转化可导致SM代谢和甘油磷脂代谢。C24∶1 ω-9与元宝枫籽油一起摄入,首先在血清中被检测为Cer(d18∶1/24∶1)和SM(d17∶1/24∶1),然后转化运输到大脑中为PC(18∶0/24∶1)、PC(24∶1/18∶1)、葡萄糖神经酰胺(GlcCer,d18∶0/24∶1)和GalCer(d18∶1/24∶1)。以前的报道表明,哺乳动物细胞中的鞘磷脂合成是由鞘磷脂合成酶催化的,主要是通过PC基团从PC转移到Cer。Cer可以在半乳糖酶的作用下产生半乳糖酰胺,这些途径导致鞘脂代谢,Cer在神经酰胺酶的作用下可转化为鞘氨醇,鞘氨醇在鞘氨醇激酶的催化下可转化为鞘氨醇1-磷酸(S1P)。在KEGG通路分析中,十六烯醛和磷酸乙醇胺也包含在甘油磷脂代谢中。磷酸乙醇胺可被磷酸乙醇胺胞苷转移酶和磷脂酰乙醇胺 n-甲基转移酶催化,最终转化为PC。这些途径可能有助于C24∶1 ω-9在血清和大脑中的转化,并提供大鼠学习和认知功能的改善。C24∶1脂质在血清和脑中的转化结构和代谢途径见图4-6。

研究发现,认知功能的改善是包括神经酸在内的必需脂肪酸整体作用的结果。由于与ω-9脂肪酸补充相关的脂质变化和代谢生物标志物尚未见报道,宝枫生物研发团队开展了原创研究,通过对健康小鼠的血清和全脑进行分析,揭示了补充ω-9脂肪酸,尤其是补充神经酸相关的整体脂质重塑和认知改善。

同样,在临床方面也有关于神经酸可改善认知能力的研究。方依卡等[8]将氟桂利嗪与神经酸联合应用于治疗脑白质疏松所致认知功能障碍患者。以上两种药物均为安全性及耐受性较高药物,临床应用时间长,对老年人有更高的安全性以及耐受性,有较高的临床应用价值。该研究将受试者分为两组,常规组采用单纯盐酸氟桂利嗪胶囊治疗,盐酸氟桂利嗪胶囊口服,5 mg/次,1次/天,连续6月。联合组给予神经酸联合盐酸氟桂利嗪胶囊治疗,其中盐酸氟桂利嗪胶囊的用法与常规组完全一致,神经酸口服,120 mg/次,3次/天,连续6月。

该研究首先比较了治疗前后蒙特利尔认知评估量表(MoCA)评分,来评估认知功能的变化,见表4-1。

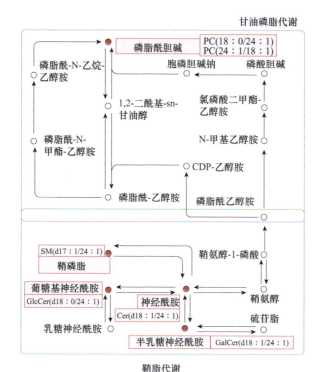

图4-6　C24∶1脂质在血清和脑中的转化结构和代谢途径

表4-1　两组治疗前后认知功能变化的比较（$Mean \pm SD$）

指标	联合组（43例）		t值	P值	常规组（43例）		t值	P值
	治疗前	治疗后			治疗前	治疗后		
视空间与执行	2.05±0.41	3.05+0.44	5.955	0.087	2.00+0.38	2.51+0.40	0.587	0.559
注意	1.98±0.32	3.16±0.42	6.703	0.007	2.00±0.35	2.56+041	0.277	0.783
命名	2.02±0.39	3.19±0.50	0.825	0.331	1.98±0.40	2.53+0.39	0.470	0.640
语言	2.00±0.35	3.00±0.46	5.171	0.000	1.95±0.36	2.47±0.49	4.653	0.016
抽象	1.98+0.37	3.07±0.52	3.950	0.040	1.95+035	2.44±0.46	0.386	0.700
延迟记忆	2.00±0.36	2.93±0.44	3.726	0	1.91±0.37	2.56±0.48	1.143	0.036
定向	1.98±0.39	2.95±0.46	3.764	0.055	2.00±0.40	2.56±0.50	0.235	0.815
总分	14.37+2.15	21.72+3.80	5.349	0.000	14.12±2.17	17.95+2.63	0.537	0.593

此研究发现，联合组治疗前后，在注意、语言、抽象、延迟记忆方面的MoCA评分与总分相较均有提升，且均高于常规组治疗后的各维度评分与总

分，结果表明对脑白质疏松所致认知功能障碍患者给予神经酸联合盐酸氟桂利嗪胶囊治疗可有效提升其认知功能，其作用明显优于单纯采用盐酸氟桂利嗪胶囊治疗者。同时，该研究还比较了两组的临床疗效，见表4-2。

表4-2 两组治疗后临床疗效比较

组别	例数/例	临床疗效[（%）例]			总有效率[%（例）]
		显效	有效	无效	
联合组	43	14（32.56）	23（53.49）	6（13.95）	86.06（37）
常规组	43	6（13.95）	19（44.19）	18（41.86）	58.14（25）
Z/x^2值			9.602		8.323
P值			0.001		0.004

结果表明，联合组临床疗效分布优于常规组，其总有效率高达86.05%，远高于常规组的58.14%，表明神经酸联合盐酸氟桂利嗪胶囊治疗脑白质疏松所致认知功能障碍患者效果理想，可提升其总有效率。盐酸氟桂利嗪胶囊属于钙通道阻断剂，可减轻细胞内病理性钙超载导致的细胞损害，在脑动脉粥样硬化、脑栓塞、脑血栓形成等疾病所致的脑循环障碍、认知功能损伤治疗中有明显作用。

既往研究表明，神经酸可完整通过血脑屏障，直接嵌入受损的神经纤维及神经细胞部位，促使受损脱落的神经纤维保护鞘再生，修复断裂的神经纤维，溶解堵塞通道的坏死组织，还可激活、再生被破坏的神经细胞，进而有助于增强脑白质疏松所致认知功能障碍患者的疗效[9-11]。方依卡等[8]的研究证实了脑白质疏松所致认知功能障碍给予神经酸联合盐酸氟桂利嗪胶囊治疗，可显著提升认知功能，增强临床疗效，且相较于单纯应用盐酸氟桂利嗪胶囊并不会显著增多不良反应，安全可靠，不失为一种高效、可推广性强的治疗方案。

第二节 神经酸与中枢神经系统脱髓鞘疾病

一、多发性硬化症

多发性硬化症是最常见的一种中枢神经系统的脱髓鞘疾病。其病变位于脑部或脊髓,主要是神经纤维的鞘磷脂被破坏,而产生大小不一的块状髓鞘脱失而导致的,其症状包括神经传输中断、视物模糊、站立不稳、语言受阻、烦躁、失眠等。该病多发于青、中年,女性较男性发病率高。

调查显示,全世界患多发性硬化症的人数高达300万,造成了超过100亿美元/年的国民经济损失和巨大的公共卫生负担[12]。多发性硬化症患者的心理健康受损程度是正常人的3倍,抑郁症的终身患病率约为50%,焦虑症为36%~54%,高压力为47.71%。

Sargent等[13]在1994年首先提出神经酸与脱髓鞘疾病有关,并在动物实验中发现,若老鼠体内的神经酸不足,会导致髓鞘受损,而饮食中加入神经酸,则对治疗多发性硬化症有明显疗效;并且通过人体试验,观察到外源性神经酸的摄入可促进体内鞘糖酯(如脑苷酯、神经节苷脂等)和鞘磷脂的合成,从而促进神经纤维髓鞘化,使脱落的髓鞘再生,改善多发性硬化症症状,有助于恢复受损神经纤维。

Hayes等[14]回顾了多发性硬化症的两个核心特征,即髓鞘不稳定、断裂和再髓鞘化失败,以及致病性$CD4^+$ Th17细胞对保护性$CD4^+$ Treg细胞的主导作用。在他们的研究中描述了髓鞘的生物合成、结构和功能,然后强调了神经酸生物合成中的硬脂酰-C去饱和酶(SCD)和神经酸对髓鞘稳定性的贡献,并发现了破坏神经酸的供应,会导致髓鞘不稳定和断裂。维生素D-硬脂酰-CoA去饱和酶的多发性硬化症风险假说见图4-7。

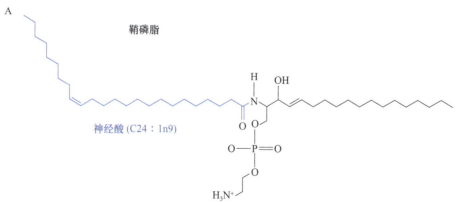

图4-7 维生素D-硬脂酰-CoA去饱和酶的多发性硬化症风险假说

注:图A为酰胺连接的神经鞘蛋白(C24:1n9)是髓鞘的主要成分;髓鞘中的神经鞘蛋白和神经酸急剧减少;图B为硬脂酰-CoA去饱和酶将饱和脂肪酸(C18:0)转换为单不饱和油酸(C18:1n9),这是神经酸生物合成的限速步骤;图C为延长酶-1通过添加两个碳单位将油酸转化为芥酸(C22:1n9),然后转化为神经酸

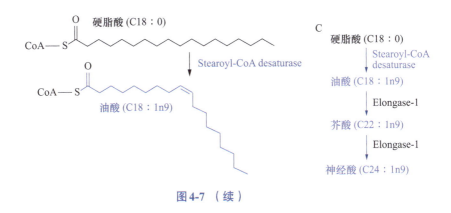

图 4-7 （续）

根据 Lewkowicz 等[8]的研究，少突胶质细胞（OL）的功能障碍被认为是导致多发性硬化症再髓鞘化效率低下的主要原因之一，并逐渐导致疾病的发展。OL 来自少突胶质细胞祖细胞（OPC），它们在成人中枢神经系统中大量存在，但它们合成髓鞘的生理能力是有限的。人类饮食中用于合成鞘磷脂的基本脂类摄入量低，这可能是脱髓鞘现象增加和再髓鞘化过程效率降低的原因。在对实验性自身免疫性脑脊髓炎大脑的脂质分析研究中，研究人员发现在急性炎症期间，普通底物的脂质代谢途径转变为促炎症的花生四烯酸的产生，这导致神经酸的合成被沉默。在人类成熟少突胶质前体细胞（hOPC）的体外模型实验中，摄入神经酸对多发性硬化症症状有改善的作用。全脑组织的气相色谱-质谱联用（GC/MS）脂质分析见图 4-8。

Xue 等[15]研究了元宝枫籽油对刺激多发性硬化的潜在影响。他们采用双环己酮草酰二腙（Cuprizone）建立了小鼠脱髓鞘模型。在再髓鞘化过程中，给小鼠喂食元宝枫籽油，并采用行为测试、组织化学、荧光免疫组织化学、透射电镜和显微镜的技术进行研究。其得到的结果也正如预期的那样，补充元宝枫籽油后脱髓鞘区域的髓鞘修复大大增强，成熟的少突胶质细胞（CC1）和髓鞘基本蛋白（MBP）增加。

根据图 4-9，我们可以观察到给予 Cup 试剂可以诱导胼胝体脱髓鞘，并通过饮食促进胼胝体的再髓鞘化。胼胝体的 Luxol Fast Blue 染色（LFB 染色）。对照组的胼胝体上有密集而规则的 LFB 标记（Control），而使用 Cup 试剂的小鼠的 LFB 染色变得轻而不规则（CUP）。但是服用富含神经酸的元宝枫籽油（CUP-AT）后，LFB 染色几乎恢复到了对照组的水平。

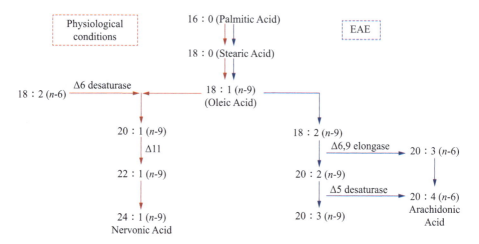

图4-8　全脑组织的GC/MS脂质分析

注：神经酸（NA）（红色箭头）在实验性自身免疫性脑脊髓炎期间没有合成，与之相反的是而花生四烯酸酯（蓝色箭头）因其促炎特性而闻名。

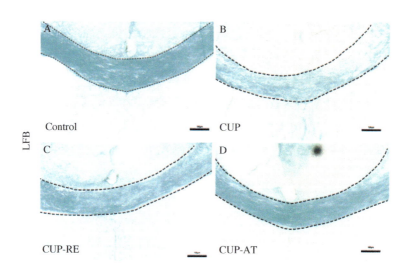

图4-9　给药黄芪可诱导胼胝体脱髓鞘，而食用元宝枫籽油可促进胼胝体的再髓鞘化（LFB染色）

　　研究结果显示，在饮食中补充元宝枫籽油能改善少突胶质细胞的成熟和再髓鞘化。辅以元宝枫籽油的饮食可减弱由Cup试剂诱发的脱髓鞘现象，表明元宝枫籽油是脱髓鞘疾病的一种新型治疗饮食。该研究首次在国际上证明元宝枫油和神经酸对多发性硬化症具有治疗作用。不但具有较高的科学价值，而且为研发治疗多发性硬化症的药物提供了理论基础和实验依据，具有较大的临床应用价值。另外，该研究成果为元宝枫的高价值综合开发利用提供了新的思路，具有较高的经济价值和社会效益，对促进元宝枫产业的健康可持续发展具有重要意义。

二、肾上腺脑白质营养不良症

肾上腺脑白质营养不良症（adrenoleukodystrophy，ALD）是一种遗传性脂类代谢病，表现为X性连锁隐性遗传，其基因是*ABCD1*，定位在X染色体的Xq28位点。基因变异会导致代谢异常，从而导致此病。ALD多数以上患者在儿童或青少年期（5~15岁）起病，通常为男孩，主要累及肾上腺及脑白质，此病也因此得名。该病是由于缺乏超长链脂肪酸的分解酶，致使饱和的长链脂肪酸过多积累，从而引起中枢神经系统脱髓鞘病变。患者会表现为身体衰弱、身体无法协调、视觉和听觉出现障碍，而且早期症状常常表现为学龄儿童成绩退步、个性改变、易哭或傻笑等情感障碍。计算机断层扫描术或磁共振成像所见与其他脑白质营养不良表现相似，需要鉴别诊断。本病预后很差，患者一般在出现神经症状后几年内死亡[16]。

关于ALD的治疗，65%的患者服用一种罗伦佐之油（Lorenzo's oil，按三芥酸甘油酯与三酸甘油酯按4:1比例混合）一年之后，血浆内超长链脂肪酸水平可以显著下降或达到正常范围，但是并不能改变已经发生的神经系统症状[16]，因为这种油不能穿过血脑屏障，所以并不会取代大脑的多余超长链脂肪酸。对尚未发病者可以延缓神经病变症状出现的时间，但是对于能延缓多久并不明确。正因为罗伦佐之油的治疗效果不太好，美国药企从2022年就开始不再生产这种油[17]。

虽然罗伦佐之油的疗效一般，但是这个药背后的研发故事很感人。有个叫作罗伦佐（Lorenzo）的患儿得了ALD后，其父母不肯放弃希望，四处求诊，大量阅读医学文献，最终与美国ALD基金会（United Leukodystrophy Foundation）合力研发了这种油。罗伦佐父母的努力让罗伦佐多活了22年，直到2008年满30岁才去世。这个感人的故事也在1992年被好莱坞改编为电影上映，并获得好评以及奥斯卡金像奖最佳原创剧本奖提名[17]。

至于其他疗法的研究,科研人员Sarjent等经过多项试验证明,用富含神经酸的植物油进行"食疗",对ALD患者病情改善是有效的。1953年加拿大学者Carroll在研究芥酸治疗肾上腺胆甾酸引起的疾病时发现,神经酸与芥酸同样有效[18]。因为大量研究证实,神经酸是以芥酸为底物,通过碳链延长而获得[2]。

另外,美国明尼苏达大学孤儿药物研究中心的Terluk等[19]通过实验观察到神经酸可作为ALD潜在疗法。该研究发表在神经科学领域的著名期刊 *Neurotherapeutics* 上,此研究表明,神经酸可以在ALD细胞系中以浓度依赖的方式逆转总脂质C26∶0(超长链脂肪酸的一种)的积累。

神经酸显示了超长链脂肪酸的浓度依赖性下降,特别是在肾上腺脊髓神经病(adrenomyeloneuropathy,AMN)细胞中,见图4-10。

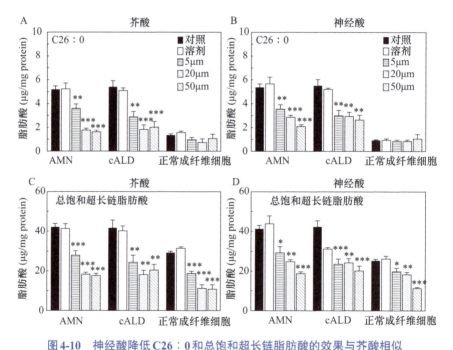

图4-10 神经酸降低C26∶0和总饱和超长链脂肪酸的效果与芥酸相似

注:不同浓度的芥酸(图A,图C)或神经酸(图B,图D)处理5天AMN(GM17819)、cALD(GM04904)和正常成纤维细胞(NHDF)中C26∶0和总饱和超长链脂肪酸水平;采用GC/MS测定浓度;数据归一化为总细胞蛋白,并以 Mean±SE 表示;$*P<0.05$,$**P<0.01$,$***P<0.001$ 表示使用单向方差分析和 Dunnett 事后检验的载液处理细胞的统计显著性。

在AMN细胞中，C26∶0水平的降低程度是取决于细胞系和脂肪酸。一般来说，与芥酸相比，我们需要较高浓度的神经酸才能导致C26∶0和总饱和超长链脂肪酸的显著降低。值得注意的是，在正常成纤维细胞中，这两种脂肪酸只显著降低了总饱和超长链脂肪酸的水平，而不是C26∶0（图4-10）。然而，在两种脂肪酸中，神经酸并没有进一步降低正常C26∶0水平的下降，而芥酸浓度增加时，正常细胞中的C26∶0略有下降。

此外，该研究还显示神经酸可以保护ALD细胞免受氧化损伤，其机制可能是通过增加细胞内腺核三磷酸（ATP）的产生来实现的，神经酸、对ALD成纤维细胞ATP生成的影响见图4-11。相关机制未来还可以做更加详尽的研究。

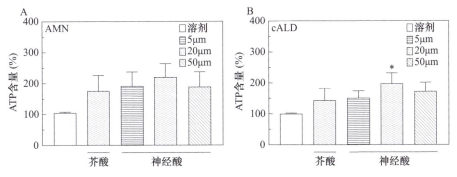

图4-11 神经酸、对ALD成纤维细胞ATP生成的影响

注：芥酸或神经酸预处理AMN（GM17819）和cALD（GM04904）细胞5天，采用ATPlite发光检测试剂盒测定ATP水平，与CyQUANT NF测定值归一化后，相对ATP含量显示为载体处理细胞的百分比（考虑为100%），来自三个独立实验的数据显示为 $Mean \pm SE$，使用双尾不配对Student's t检验，$*P<0.05$ 表示载体处理细胞具有统计学意义。

因此，神经酸可以成为ALD患者的潜在治疗手段，它可以改变细胞的生物化学特性并改善其功能。

因此可得知，神经酸确实能改善ALD的很多病理变化[20]。神经酸在胚胎髓鞘生成过程中期具有很大作用，而且和胚胎的大脑形成密切相关。神经酸也能够支持脑白质的发育，还有潜在预防脱髓鞘的功能，从而对这个病有很大帮助。通过未来更多更优质的动物研究或临床试验，我们可能全面了解神经酸的治疗潜力，从而追求用最小的神经酸浓度来达到最好的治疗效果。

三、脑白质疏松症

随着人口老龄化和神经影像技术的发展,大脑中白质病变的检测手段越来越多。其中,脑白质疏松症是一种在老年人群中普遍存在的白质损伤类型。虽然早期的白质损伤不伴有神经和精神症状,但随着其发病和发展可导致认知障碍、步态异常和尿失禁等改变,长期来看会显著增加痴呆和卒中的风险,严重影响老年人群的健康和生活质量,给家庭和社会带来沉重负担[21]。

脑白质疏松症是一种弥漫性脑缺血所致的神经纤维脱髓鞘疾病,颅脑CT主要表现为脑室周围低密度影,颅脑MRI检查显示T_2加权像高信号影。脑白质疏松症是由多种不同病因引起的一组临床综合征,也是脑小血管病变的一个亚型[22]。

苏爱梅等[23]探讨了盐酸多奈哌齐片联合神经酸治疗脑白质疏松症伴认知障碍的临床疗效,比较了两组患者治疗前后简易精神状态检查(MMSE)评分的变化,见表4-3。

表4-3 两组患者治疗前后MMSE评分比较

组别	例数/n	MMSE评分/分($Mean \pm SE$)	
		治疗前	治疗后
对照组	30	15.3±4.3	18.5±6.2
观察组	30	15.7±6.3	21.4±5.6
P值		>0.05	<0.05

该研究显示,观察组患者MMSE评分高于对照组,神经元特异性烯醇化酶(NSE)水平低于对照组,提示盐酸多奈哌齐片联合神经酸治疗可改善脑白质疏松症伴认知障碍患者认知功能和神经功能。神经酸作为脑白质的结构性物质,可以在体内合成神经节苷脂、脑苷脂和鞘磷脂,改善髓质营养不良,抑制髓鞘受损与脱失,促进神经纤维髓鞘化,从而修复堵塞、扭曲的神经传导通路;也可以诱导损伤轴突芽生与延伸,促进再生的轴突与效应器重新建立突触联系,并通过对轴突、胞体营养支撑起到保护作用,实现髓鞘再生;并对神经功能具有调节作用,可增强信息在神经元间连接传递,提高钙离子对大脑功能的改善,增强记忆力[24]。

随着年龄的增长，脑疾病问题会逐渐加重。赵坤英等[25]利用MRI技术检测老年男性人群的脑白质损伤，发现70~79岁人群中的脑白质损伤达88.2%，而80岁以上人群高达98.8%。由此可见脑白质病变的发生率可随年龄增长而提高。科学家们通过解剖多发性硬化症患者的大脑与正常人大脑作对比，发现其中多发性硬化患者脑白质中神经酸含量较低。神经酸对神经系统的发育以及维持正常脑功能有着重要的作用，然而随着年龄的增长，机体中的神经酸会逐渐缺乏，从而引发脑卒中后遗症、老年痴呆、脑瘫、记忆力减退等脑相关疾病。多项研究表明，为多发性硬化患者和ALD患者提供符合药理学要求的长链脂肪酸，特别是神经酸与芥酸，对于改善病情是非常有益的。

第三节 神经酸与脑血管疾病

一、急性脑梗死

急性脑梗死又称缺血性卒中，这是由于供应脑部的动脉血管内的血流发生了急性中断，而出现相应脑部供血区域内神经细胞变性、坏死，从而导致相应脑区的神经功能障碍的疾病。急性脑梗死属神经内科常见及多发疾病之一，因其具有高发病率、致残率及病死率的特点，而成为严重影响人类身心健康及生活质量的脑血管疾病[26]。常见的病因及发病机制有动脉粥样硬化、脑栓塞、小动脉闭塞，以及各种病因明确的造成脑血管损伤的脑部疾病，如血管炎、遗传性疾病等。急性脑梗死可对患者的生命质量产生严重危害。据统计，急性脑梗死的发病率正逐年增长，且急性脑梗死恢复期中，75%~80%的患者存在不同程度的认知功能损害和神经功能损伤[27]。

陈威[28]探讨了神经酸在急性脑梗死恢复期的应用效果。该研究结果显示，治疗前两组患者的MoCA评分和美国国立卫生研究院卒中量表（NIHSS）评分比较，差异均无统计学意义（均$P>0.05$），见表4-4、表4-5；治疗后两组患者MoCA评分均升高，NIHSS评分均下降，且联合组治疗后MoCA评分高于常规组，NIHSS评分低于常规组，提示神经酸联合盐酸氟桂利嗪对急性脑梗死恢复期认知与神经功能的改善效果更佳。

表 4-4　两组患者治疗前后 MoCA 评分的比较

组别	例数/n	MoCA 评分/分（Mean±SD）		t值	P值
		治疗前	治疗后		
联合组	43	14.35±2.17	21.73±3.77	11.125	0.000
常规组	43	14.11±2.16	17.90±2.61	7.336	0.000
t值		0.514	5.477		
P值		0.609	0.000		

表 4-5　两组患者治疗前后 NIHSS 评分的比较

组别	例数/n	NIHSS 评分/分（Mean±SD）		t值	P值
		治疗前	治疗后		
联合组	43	13.16±1.98	7.12±1.62	15.482	0.000
常规组	43	12.98±2.01	9.75±1.57	8.304	0.000
t值		0.418	7.645		
P值		0.677	0.000		

研究表明，体内神经元酸的缺乏会导致神经营养不足，影响认知和神经功能[29]。体内外源性补充的神经酸可以穿过血脑屏障，直接作用于受损部位，促进神经纤维保护鞘的再生和修复。此外，神经酸可以溶解脑内通道中堵塞的坏死组织和栓子，从而有助于改善认知功能，减少神经系统的缺陷[23]。以前的研究表明神经酸可以修复受损的神经网络，恢复中枢神经系统传递信息和指令的功能，这种药物在认知功能障碍治疗的研究中显示出良好的应用前景[30]。袁华等[31]的研究表明，在1-溴丙烷染毒大鼠中给予神经酸治疗可明显提升学习记忆能力，并且该研究推测神经酸是通过增强谷胱甘肽还原酶和γ-谷氨酰半胱氨酸连接酶的活性及提升大脑皮层还原性谷胱甘肽含量来进行脑保护作用的。因此在急性脑梗死恢复期患者中，神经酸可与盐酸氟桂利嗪胶囊联用表现出了积极的作用。

二、脑血管及脂代谢异常疾病

随着工业化和城市化进程的加快，生活方式的快速变化和人口老龄化的发展，慢性非传染性疾病，特别是心脑血管疾病，已经成为中国居民生命和健康的最大威胁，并因其高医疗费用和高致残率而成为日益严重的社会问题。建立和完善心脑血管疾病的发病率、死亡率和危险因素的监测体系，掌握其危险因素的流行情况和变化趋势，是心脑血管疾病防治的基础，也是评价防治效果的重要手段[34]。根据国际糖尿病联盟2005年公布的数据，中国代谢综合征的患病率为14%～16%，80%的糖尿病患者和50%的糖尿病前期患者患有代谢综合征。腹部肥胖是代谢综合征最重要的特征，而对于肥胖引起的代谢综合征，目前还没有有效的临床治疗方法[33-34]。

　　神经酸也是一种降低血脂的天然产物，可有效降低心脑血管疾病以及糖尿病的发生。Shearer等[35]的研究表明，神经酸是膜鞘脂和磷脂乙醇胺的一种成分，慢性肾病5期患者的随访数据显示，神经酸是慢性肾病死亡的重要预测因子，不同肾病分期患者血浆脂肪酸比例见表4-6。Yeh等[36]研究发现，营养不良会导致髓鞘过少，其特征是鞘油脂中24∶0和神经酸（24∶1）的比例下降。

表4-6　不同组别血浆脂肪酸比例[95%可信区间（95%CI）]

脂肪酸	对照组	慢性肾病3～4期	慢性肾病5期
14∶0*	0.96（0.75，1.2.0）	1.25（0.98，1.6.0）	0.92（0.77，1.1.0）
16∶0*	26.7（25.0，28.0）	26.2（25，28）	26.4（25.0，28.0）
16∶1n7*	2.4（1.9，3.2）	2.1（1.6，2.7）	1.6（1.4，2.0）
16∶1n7t*	0.20（0.17，0.23）	0.24（0.2，0.28）	0.21（0.19，0.24）
18∶0*	9.4（8.4，10.0）	8.7（7.8，9.7）	8.2（7.6，8.8）
18∶1n9	23.0（1.0，21.0）	24.9（1.0，23）	25.4（0.8，24.0）
18∶1t*	0.53（0.43，0.64）	0.64（0.52，0.77）	0.65（0.56，0.74）
18∶2trans*	0.24（0.20，0.28）	0.30（0.25，0.36）	0.29（0.25，0.33）
18∶2n6*	20.1（18.0，23.0）	19.2（17.0，22.0）	21.7（20.0，24.0）
18∶3n3*	0.53（0.06，0.40）a	0.76（0.06，0.63）ab	0.69（0.05，0.60）b
18∶3n6*	0.34（0.26，0.43）a	0.26（0.02，0.33）ab	0.22（0.18，0.26）b
20∶1n9*	0.31（0.25，0.39）	0.32（0.25，0.40）	0.31（0.26，0.37）
20∶2n6*	0.26（0.23，0.30）a	0.23（0.20，0.27）ab	0.21（0.19，0.23）b
20∶3n6*	1.64（0.01，1.40）a	1.50（0.01，1.30）ab	1.24（0.07，1.10）b
20∶4n6*	5.91（0.46，5.00）	5.46（0.46，4.50）	5.67（0.33，5.00）
20∶5n3*	1.42（1.10，1.90）a	1.24（0.95，1.60）a	0.66（0.54，0.80）b
22∶5n3*	0.77（0.045，0.68）a	0.67（0.045，0.58）ab	0.63（0.032，0.56）b
22∶4n6*	0.19（0.15，0.23）	0.16（0.13，2.0）	0.19（0.16，0.22）
22∶5n6*	0.10（0.01，0.08）	0.08（0.01，0.07）	0.08（0.01，0.07）
22∶6n3*	2.99（2.50，3.60）	2.85（2.30，3.50）	2.3（2.00，2.60）
24∶0	0.23（0.02，0.18）	0.21（0.02，0.17）	0.18（0.02，0.15）
24∶1n9*	0.46（0.36，0.59）	0.47（0.37，0.60）	0.64（0.53，0.76）

注：使用Tukey's honest significant differences确定事后差异。
　　共用一个字母的组（a，b）没有明显差异。鉴于没有对Ⅱ型错误进行调整，预计有2个假阳性。
*对数转换以达到正常分布或等方差。

Oda等[37]测定31位男性（41～78岁）和11位女性（54～77岁）的血压、空腹血清总胆固醇和总脂肪酸组成等，发现神经酸能够改善肥胖相关的代谢紊乱疾病。蔡晓琴等[38]报道，血浆中较高的神经酸水平可以降低急性缺血性脑卒中发生的风险，并且随着神经酸含量升高，急性缺血性脑卒中的发病风险逐步降低。神经酸之所以能降低急性缺血性卒中的风险，保护心血管疾病，可能是由于以下原因。首先，神经酸可以修复和疏通大脑中受损的神经通路，恢复神经末梢的活性，促进神经细胞再生，防止脑神经老化[39]。其次，神经酸具有修复和恢复老化受损和硬化的心脑血管壁的功能，更新血管壁组织，恢复血管的弹性和活力[40]。再次，神经酸还具有很强的调脂功能，能迅速分解和清除血液中多余的甘油三酯和胆固醇，具有双向调节作用，从而保持血液中脂质含量正常；同时，神经酸还能清除血液中的自由基和代谢产物，降低血液黏度，控制脂质吸收[41]。最后，神经酸对急性缺血性卒中的减少可能与抗炎反应有关[42]。

Yamazaki等[43]检测了40岁以上健康的日本男性血脂中神经酸比例与血清纤溶酶水平，并研究了这些指标与代谢综合征之间的关系，结果发现代谢综合征患者的特异性饱和与不饱和脂肪酸山嵛酸（C22：0）、木蜡酸（C24：0）和神经酸（C24：1）等比例显著降低，并且这些超长链脂肪酸与血清高密度脂蛋白胆固醇及血清纤溶酶呈正相关，与血清甘油三酯和低密度脂蛋白胆固醇呈负相关。该研究表明血脂中的神经酸含量降低，可能反映了老年病中所见的过氧化物酶体功能障碍和内质网应激增强。

第四节 神经酸与其他脑部疾病

一、帕金森病

帕金森病（Parkinson's disease）是一种常见于中老年人的中枢神经系统变性疾病，临床上主要表现为静止性震颤、运动迟缓、肌张力增高及姿势平衡障碍等[44]。流行病学调查发现，全世界约有3%的60岁以上老人患有帕金森病，65岁以上人群的患病率高达1.7%，且有年轻化的趋势，中国现有帕金森病患者约170万人，我国平均每年有10万例帕金森病新发病例，并保持每年约6%的增长速度，严重影响了中老年朋友的健康和生活质量[45]。帕金森病的典型症状，包括肌肉僵硬、运动迟缓、震颤和姿势不稳等运动障碍，还有感觉、情绪、认知和自主神经缺陷等多种非运动性症状[46]。帕金森病患者从诊断开始的平均预期寿命长达17年，这一事实强调了对长期治疗策略的需求。流行病学研究证实，在帕金森病的早期阶段，疾病进展迅速，但没有任何治疗方法或药物有足够的证据能在早期阶段延缓疾病的进展[47-48]。

大量研究表明，帕金森病的基本病理特征是纹状体和黑质致密部多巴胺神经元的丢失、减少和路易小体在神经元内的积聚，这些因素综合作用是导致运动障碍症状的原因。多巴胺、酪氨酸羟化酶、多巴胺转运蛋白和α-突触核蛋白（α-synuclein）等分子被作为帕金森病的标志物被大量研究。目前，在携带α-突触核蛋白基因特异性点突变的帕金森病患者中，5-羟色胺的浓度水平被认为是帕金森病的一个新的生物标志物。

胡丹东等[49]着重研究探讨了神经酸对帕金森病的保护作用机制。首先，他们发现神经酸对1-甲基-4-苯基-1,2,3,6-四氢吡啶（MPTP）诱导的运动障碍有部分保护作用，并在帕金森病模型中表现出神经保护作用；其次，鉴于多巴胺、5-羟色胺、酪氨酸羟化酶、多巴胺转运蛋白和α-突触核蛋白是帕金森病的标志物，进一步研究了神经酸对这些分子的影响，在MPTP诱导后给予神经酸处理可避免纹状体多巴胺、5-羟色胺及其代谢物含量的降低，促进多巴胺神经元活性标记酶、酪氨酸羟化酶、多巴胺转运蛋白的蛋白表达，抑制纹状体α-突触核蛋白的表达。详见图4-12、图4-13。

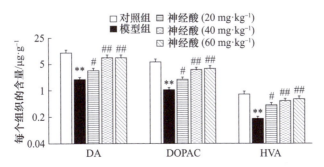

图4-12 神经酸对纹状体中多巴胺、5-羟色胺及其代谢物浓度的影响

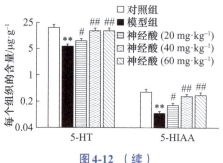

图4-12（续）

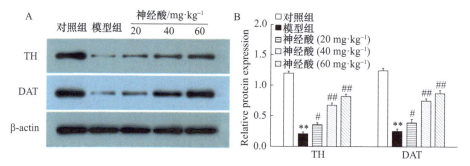

图4-13 神经酸对纹状体中酪氨酸羟化酶和多巴胺转运蛋白表达的影响

此外，神经酸的处理抑制了纹状体中白细胞介素（IL-1β、IL-6）、肿瘤坏死因子-α（TNF-α）等炎性因子的表达。研究也进一步证实了神经酸参与氧化应激反应与α-突触核蛋白的丢失有关，通过上调帕金森小鼠模型超氧化物歧化酶（SOD）和谷胱甘肽（GSH）活性、降低丙二醛（MDA）浓度，揭示了神经酸可能具有抗氧化作用。详见图4-14、图4-15。

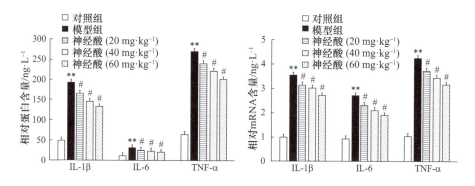

图4-14 NA对纹状体炎症的影响

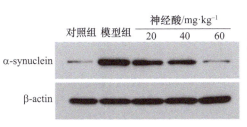
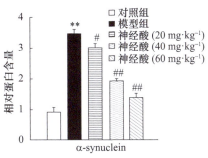
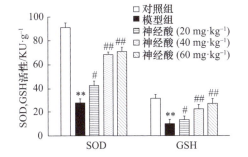
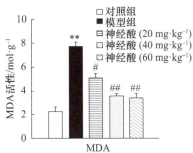

图 4-15　神经酸对 α-突触核蛋白的表达和氧化应激反应的影响

该研究结果表明，神经酸作为植物提取物是治疗帕金森病的安全药物，为帕金森的治疗提供了新思路。

郑辉等[50]的研究结果显示，神经酸能提高帕金森模型小鼠的活动平衡及运动协调能力，可有效改善帕金森模型小鼠运动迟缓和肌肉强直等运动功能障碍症状。并且神经酸缓解帕金森模型小鼠运动功能障碍症状的机制可能与增加脑纹状体内多巴胺含量有关。

Hu等[51]研究神经酸的潜在功能和相关机制。研究发现，神经酸可以剂量依赖性地减轻MPTP诱导的行为障碍，详见图4-16。

此外，神经酸对小鼠的肝和肾没有毒性作用。该研究结果揭示了神经酸有可能保护帕金森小鼠运动系统免受运动障碍的影响且没有任何不良反应，表明神经酸是帕金森症状缓解的一种替代策略。

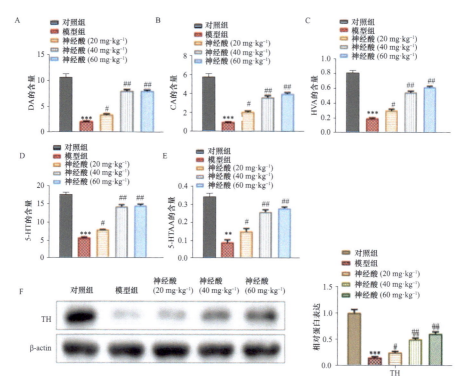

图4-16 神经酸上调了MPTP处理小鼠模型的纹状体多巴胺、5-羟色胺及其代谢物以及酪氨酸羟化酶水平

注：通过高效液相色谱法（HPLC）分别检测不同处理小鼠纹状体中多巴胺（图A）、5-羟色胺（图B）、3,4-二羟基苯乙酸（DOPAC）（图C）、高香草酸（HVA）（图D）和5-羟基吲哚乙酸（5-HIAA）（图E）的水平；图F为用蛋白质印迹法（Western blot）检测不同神经酸给药组间酪氨酸羟化酶蛋白水平的变化（左），并计算相对定量（右），显示五组酪氨酸羟化酶和β-肌动蛋白的蛋白表达水平及定量分析图；数据显示为Mean±SE；$n=5$；与对照组相比，$*P<0.05$，$**P<0.01$，$***P<0.001$；与模型组相比，$\#P<0.05$，$\#\#P<0.01$，$\#\#\#P<0.001$

二、癫痫

癫痫是一种中枢神经系统功能失常的慢性疾病，以脑神经元异常放电引起反复病性发作为临床特征，表现为突发意识障碍、四肢抽动、眼睑上翻等症状，其特点为病程长、致残率高，给患者造成巨大的生理和心理负担，影响患者生活质量。脑神经元的膜电位不稳定、惊厥阈值下降是其主要病理改变[52]。据调查显示，我国癫痫的患病率约为7‰，全国有约900万癫痫患者，而其中大部分患者在儿童期起病[53]。多数癫痫患者接受抗癫痫药物（antiepileptic drug，AED）治疗之后，可获得良好的预后，包括发作消失和正常的社会适应能力。但是依然有20%~30%的癫痫患者在经过药物治疗之后仍不能控制发作，这种症状称为"药物难治性癫痫"（pharmacoresistant epilepsy）[53]。

生酮饮食疗法目前在临床上应用较为广泛，主要是通过给予患者高脂肪、低碳水化合物和适量蛋白质的饮食方案，模拟患者饥饿状态，促使脂肪代谢产生酮体，使酮体成为身体主要能量供给源，并对脑部产生抗惊厥作用[18]。研究人员在1925年就发现，在接受生酮饮食治疗后，有95%的儿童癫痫发作显著减少。最近根据全球生酮饮食疗法疗效研究，约50%的患儿癫痫发作次数减半，33%的患儿发作次数减少超过90%[54]。

Lambrechts等[55]研究证实，对48名儿童和青少年癫痫患者以及成年癫痫患者进行生酮饮食治疗，连续两年随访发现，大多数癫痫患者发作次数均有下降趋势。生酮饮食治疗后酮体取代部分葡萄糖给大脑供能，使得糖酵解过程产生的ATP减少。ATP减少能激活ATP敏感性钾通道（KATP），使神经细胞超极化，易化动作电位的产生与传导，调节癫痫发作的阈值，降低神经元兴奋性，从而起到保护神经元的作用[56]。

神经酸作为长链不饱和并且可以生成酮体的脂肪酸，用于辅助治疗癫痫具有独特的潜能和优势。根据Terluk等[19]的研究显示神经酸可以保护细胞免受氧化损伤，可能是通过增加细胞内ATP的产生实现的。同时神经酸还可以提供人体所必需的ω-9多不饱和脂肪酸，对于癫痫的防治具有十分重要的意义和应用价值。

三、格林-巴利综合征

格林-巴利综合征是自身免疫性疾病，对患者的运动神经、周围神经及脑神经造成不同程度的损害，严重时可引起呼吸肌麻痹，危及患者的生命安全。主要临床表现为对称性延迟性肌无力麻木、双侧神经麻痹、肢体感觉异常和呼吸肌无力。作为一种由细胞免疫和体液免疫介导的自身免疫性疾病，格林-巴利综合征的确切发病机制尚不清楚[57-59]。目前认为是一种自身免疫性疾病，由于病原体（病毒、细菌）的某些组分与周围神经髓鞘的某些组分相似，机体免疫系统发生了错误识别，产生自身免疫性T细胞和自身抗体，并针对周围神经组分发生免疫应答，引起周围神经脱髓

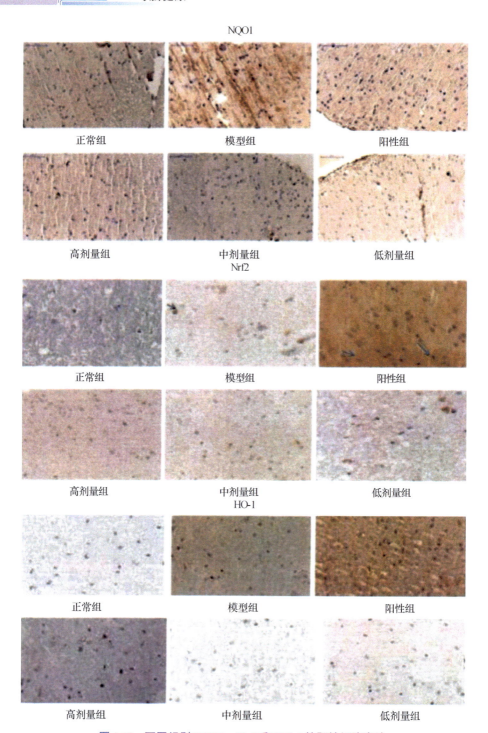

图4-17 不同组别NQO1、Nrf2和HO-1的阳性细胞表达

鞘[60]。30%的格林-巴利综合征患者有病毒感染或疫苗接触史，如人类疱疹病毒（EB）病毒、巨细胞病毒、乙肝病毒等。

刘速速等[61]发现神经酸对小鼠记忆和学习能力有一定的改善作用，同时神经酸能够降低炎症反应，改善髓鞘脱失症状。根据图4-17我们可以看出神经酸可以提高醌氧化还原酶1（NQO1）、核因子E2相关因子2（Nrf2）和血红素氧合酶-1（HO-1）的阳性细胞数量。

同时增加超氧化物歧化酶（SOD）和过氧化氢酶（CAT）活性，降低活性氧（ROS）和硫代巴比妥酸反应性物质（TBAR）水平，同时增加了抗炎因子IL-4/IL-10的表达水平，并降低了促炎因子干扰素-γ（IFN-γ）/TNF-α的表达水平，神经酸改变了体内促炎和抗炎细胞因子之间的平衡，并在中枢神经系统中形成了抗炎微环境。

参 考 文 献

[1] 王性炎, 谢胜菊, 王高红. 中国富含神经酸的元宝枫籽油应用研究现状及前景[J]. 中国油脂, 2018, 43（12）: 93-95, 104.

[2] PAMPLONA R, DALFÓ E, AYALA V, et al. Proteins in human brain cortex are modified by oxidation, glycoxidation, and lipoxidation. Effects of Alzheimer disease and identification of lipoxidation targets [J]. J Biol Chem, 2005, 280 (22): 21522-21530.

[3] 王建民, 胡晓凯, 王建林, 等. 生物活性物质神经酸钙的分离提取纯化生产工艺及其在治疗老年痴呆症中的应用: 中国, CN200910101699.X [P]. 2011-03-30.

[4] UMEMOTO H, YASUGI S, TSUDA S, et al. Protective effect of nervonic acid against 6-hydroxydopamine-induced oxidative stress in PC-12 cells [J]. J Oleo Sci, 2021, 70 (1): 95-102.

[5] 王涛, 郭志伟. 轻度认知功能障碍的诊断与治疗研究进展[J]. 西部医学, 2019, 31 (9): 1470-1473, 封3.

[6] PETERSEN R C. Mild cognitive impairment as a diagnostic entity [J]. J Intern Med, 2004, 256 (3): 183-194.

[7] SONG W, ZHANG K, XUE T, et al. Cognitive improvement effect of nervonic acid and essential fatty acids on rats ingesting *Acer truncatum Bunge* seed oil revealed by lipidomics approach [J]. Food Funct, 2022, 13 (5): 2475-2490.

[8] 方依卡, 潘速跃. 神经酸联合盐酸氟桂利嗪胶囊对脑白质疏松所致认知功能障碍的

疗效 [J]. 分子影像学杂志, 2021, 44 (1): 189-192.

[9] PU Z, XU W, LIN Y, et al. Oxidative stress markers and metal ions are correlated with cognitive function in Alzheimer's disease [J]. Am J Alzheimers Dis Other Demen, 2017, 32 (6): 353-359.

[10] SINGH R, KUMAR P, MISHRA D N, et al. Effect of gender, age, diet and smoking status on the circadian rhythm of serum uric acid of healthy Indians of different age groups [J]. Indian J Clin Biochem, 2019, 34 (2): 164-171.

[11] 战静, 徐平. α7烟碱型乙酰胆碱受体在认知功能障碍及神经保护中的作用 [J]. 实用医学杂志, 2019, 35 (4): 662-665.

[12] 丁若溪, 张蕾, 赵艺皓, 等. 罕见病流行现状——一个极弱势人口的健康危机 [J]. 人口与发展, 2018, 24 (1): 72-84.

[13] SARGENT J R, COUPLAND K, WILSON R. Nervonic acid and demyelinating disease [J]. Med Hypotheses, 1994, 42 (4): 237-242.

[14] HAYES C E, NTAMBI J M. Multiple sclerosis: lipids, lymphocytes, and Vitamin D [J]. Immunometabolism. 2020; 2 (3): e200019.

[15] XUE Y, ZHU X, YAN W, et al. Dietary supplementation with *Acer truncatum* oil promotes remyelination in a mouse model of multiple sclerosis [J]. Front Neurosci, 2022, 16: 860280.

[16] 贾建平, 陈生弟. 神经病学 [M]. 7版. 北京: 人民卫生出版社, 2016.

[17] 王性炎, 罗延红, 王姝清. 美国"罗伦佐油"(Lorenzo's oil) 的启示 [J]. 中国油脂, 2014, 39 (7): 1-4.

[18] HASAN-OLIVE M M, LAURITZEN K H, ALI M, et al. A ketogenic diet improves mitochondrial biogenesis and bioenergetics via the PGC1α-SIRT3-UCP2 axis [J]. Neurochem Res, 2019, 44 (1): 22-37.

[19] TERLUK M R, TIEU J, SAHASRABUDHE S A, et al. Nervonic acid attenuates accumulation of very long-chain fatty acids and is a potential therapy for adrenoleukodystrophy [J]. Neurotherapeutics, 2022, 19 (3): 1007-1017.

[20] LEWKOWICZ N, PIATEK P, NAMIECIŃSKA M, et al. Naturally occurring nervonic acid ester improves myelin synthesis by human oligodendrocytes [J]. Cells, 2019, 8 (8): 786.

[21] XIONG Y Y, MOK V. Age-related white matter changes [J]. J Aging Res, 2011, 2011: 617927.

[22] JIA J, WEI C, JIA L, et al. Efficacy and safety of donepezil in chinese patients with severe Alzheimer's disease: a randomized controlled trial [J]. J Alzheimers Dis, 2017,

56 (4): 1495-1504.

[23] 苏爱梅, 赵燕, 杨立, 等. 盐酸多奈哌齐片联合神经酸治疗脑白质疏松症伴认知障碍的临床疗效 [J]. 实用心脑肺血管病杂志, 2017 (S1): 2.

[24] 李文保, 孙昌俊, 王飞飞, 等. 神经酸及其在预防和治疗脑病中的应用研究进展 [J]. 药学进展, 2014, 38 (8): 591-596.

[25] 赵坤英, 解恒革, 李文. 脑白质改变在老年男性人群中的发生率及脑区分布特点 [J]. 中华老年心脑血管病杂志, 2011, 13 (3): 242-244.

[26] 梁菊萍, 杨旸, 董继存. 急性脑梗死患者流行病学调查及危险因素 [J]. 中国老年学杂志, 2021, 41 (12): 2484-2487.

[27] SUN Z, XU Q, GAO G, et al. Clinical observation in edaravone treatment for acute cerebral infarction [J]. Niger J Clin Pract, 2019, 22 (10): 1324-1327.

[28] 陈威. 神经酸联合盐酸氟桂利嗪在急性脑梗死恢复期的应用 [J]. 中国当代医药, 2021, 28 (30): 68-70.

[29] PANG J, ZHANG J H, JIANG Y. Delayed recanalization in acute ischemic stroke patients: Late is better than never? [J]. J Cereb Blood Flow Metab, 2019, 39 (12): 2536-2538.

[30] 付婷婷, 马柯, 李嘉, 等. 神经酸对紫杉醇诱导的神经细胞PC-12损伤的保护机制 [J]. 脑与神经疾病杂志, 2017, 25 (12): 736-741.

[31] 袁华, 王清华, 王韵阳, 等. 二十二碳六烯酸和神经酸对1-溴丙烷染毒大鼠学习记忆的影响 [J]. 中华劳动卫生职业病杂志, 2013, 31 (11): 806-810.

[32] 秦奎. 我国心脑血管疾病监测现状与发展 [J]. 应用预防医学, 2020, 26 (3): 265-268.

[33] LI R, LI W, LUN Z, et al. Prevalence of metabolic syndrome in Mainland China: a meta-analysis of published studies [J]. BMC Public Health, 2016, 16: 296.

[34] GAO L, XIN Z, YUAN M X, et al. High prevalence of diabetic retinopathy in diabetic patients concomitant with metabolic syndrome [J]. PLoS One, 2016, 11 (1): e0145293.

[35] Shearer, G. C, Carrero, et al. Plasma Fatty Acids in Chronic Kidney Disease: Nervonic Acid Predicts Mortality [J]. Journal of renal nutrition: the official journal of the Council on Renal Nutrition of the National Kidney Foundation, 2012, 22 (2): 277-283.

[36] YEH Y Y. Long chain fatty acid deficits in brain myelin sphingolipids of undernourished rat pups [J]. Lipids, 1988, 23 (12): 1114-1118.

[37] ODA E, HATADA K, KIMURA J, et al. Relationships between serum unsaturated fatty acids and coronary risk factors: negative relations between nervonic acid and obesity-related risk factors [J]. Int Heart J, 2005, 46 (6): 975-985.

[38] 蔡晓琴, 冯佩, 胡健伟, 等. 血浆二十四碳烯酸水平与急性缺血性脑卒中的关系 [J].

山东医药, 2014, 58 (25): 27-29.

[39] FARQUHARSON J, COCKBURN F, PATRICK W A, et al. Infant cerebral cortex phospholipid fatty-acid composition and diet [J]. Lancet, 1992, 340 (8823): 810-813.

[40] UZMAN L L, RUMLEY M K. Changes in the composition of the developing mouse brain during early myelination [J]. J Neurochem, 1958, 3 (2): 170-184.

[41] 刘琳, 杨东福, 严胜骄, 等. 神经酸研究进展 [J]. 云南化工, 2008, 35 (4): 39-44.

[42] FOX T E, BEWLEY M C, UNRATH K A, et al. Circulating sphingolipid biomarkers in models of type 1 diabetes [J]. J Lipid Res, 2011, 52 (3): 509-517.

[43] YAMAZAKI Y, KONDO K, MAEBA R, et al. Proportion of nervonic acid in serum lipids is associated with serum plasmalogen levels and metabolic syndrome [J]. J Oleo Sci, 2014, 63 (5): 527-537.

[44] ZHANG Z X, ROMAN G C, HONG Z, et al. Parkinson's disease in China: prevalence in Beijing, Xian, and Shanghai [J]. Lancet, 2005, 365 (9459): 595-597.

[45] 上海市中医药学会神经科分会. 中西医结合治疗早期帕金森病专家共识 (2021) [J]. 上海中医药杂志, 2022, 56 (1): 1-6.

[46] WILSON H, DERVENOULAS G, PAGANO G, et al. Serotonergic pathology and disease burden in the premotor and motor phase of A53T α-synuclein parkinsonism: a cross-sectional study [J]. Lancet Neurol, 2019, 18 (8): 748-759.

[47] ARMSTRONG M J, OKUN M S. Diagnosis and treatment of Parkinson disease: a review [J]. JAMA, 2020, 323 (6): 548-560.

[48] FOX S H, KATZENSCHLAGER R, LIM S Y, et al. The movement disorder society evidence-based medicine review update: treatments for the motor symptoms of Parkinson's disease [J]. Mov Disord, 2011, 26 Suppl 3: 2-41.

[49] 胡丹东, 崔玉娟, 张继. 神经酸对帕金森病小鼠运动障碍的改善及保护作用 [J]. 中国药理学通报, 2021, 37 (11): 1524-1529.

[50] 郑辉, 孙作乾, 王志亮, 等. 神经酸对帕金森病模型小鼠运动障碍的缓解作用及机制研究 [J]. 中国药房, 2017, 28 (19): 2648-2651.

[51] HU D, CUI Y, ZHANG J. Nervonic acid amends motor disorder in a mouse model of Parkinson's disease [J]. Transl Neurosci, 2021, 12 (1): 237-246.

[52] 洪震. 癫痫病学研究热点 [J]. 中华神经科杂志, 2017, 50 (4): 245-249.

[53] 刘晓燕. 小儿难治性癫痫的研究进展 [J]. 陆军军医大学学报 (原第三军医大学学报), 2012, 34 (22): 2240-2243.

[54] 刘诗贺, 南伟伟, 李晓莲, 等. 生酮饮食的临床应用与研究进展 [J]. 生理科学进展,

2021, 52 (6): 445-450.

[55] LAMBRECHTS D A, DE KINDEREN R J, VLES H S, et al. The MCT-ketogenic diet as a treatment option in refractory childhood epilepsy: A prospective study with 2-year follow-up [J]. Epilepsy Behav, 2015, 51: 261-266.

[56] KHANDAI P, FORCELLI PA, N'GOUEMO P. Activation of small conductance calcium-activated potassium channels suppresses seizure susceptibility in the genetically epilepsy-prone rats [J]. Neuropharmacology, 2020, 163: 107865.

[57] 潘萍. 急性格林巴利综合征案 [J]. 中国针灸, 2015, 35 (12): 1280.

[58] HAHN A F. Guillain-Barré syndrome [J]. Lancet, 1998, 352 (9128): 635-641.

[59] SHUI I M, RETT M D, WEINTRAUB E, et al. Guillain-Barré syndrome incidence in a large United States cohort (2000-2009) [J]. Neuroepidemiology, 2012, 39 (2): 109-115.

[60] CASTRO M C. Unraveling Guillain-Barré syndrome [J]. Nurs Manage. 2010, 41 (8): 36-40.

[61] 刘速速. 神经酸的提取纯化及对脑脊髓炎小鼠髓鞘损伤修复的影响 [D]. 天津: 天津科技大学, 2020.

第五章
神经酸与其他疾病

第一节 重度抑郁障碍

抑郁症是一种全球范围内都为之困扰的疾病。据2021年世界卫生组织公布的数据显示，世界上大约有2.8亿人患有抑郁症，其中5.0%为成年人，5.7%为60岁以上成年人。据最新的流行病学调查数据估算，我国抑郁症患者将近5000万，新冠肺炎疫情暴发后，抑郁症的患病人数更是大幅增加，增长率约为25%。由人民日报健康客户端、健康时报等联合打造的《2022国民抑郁症蓝皮书》显示，我国18岁以下抑郁症患者占总人数的30.28%。在抑郁症患者群体中，50%的抑郁症患者为在校学生，41%曾因抑郁休学，除此之外，职场抑郁、女性产后抑郁、更年期抑郁和老年抑郁也需要更多的关注。当长期抑郁发展为中度或重度抑郁时，就会引起严重的健康问题：患者自身深感痛苦，工作、学习及家庭功能也受到损害。极端情况下，抑郁可导致自杀；抑郁每年夺走近80万人的生命，已成为15~29岁年龄段个体的第二大死因。根据《美国精神障碍诊断与统计手册第5版》显示，抑郁症是抑郁障碍的一种典型状况，符合抑郁发作标准至少2周，有显著情感、认知和自主神经功能改变并在发作期间症状缓解。主要临床表现包括核心症状及其他相关症状，核心症状主要为心境低落、兴趣丧失以及精力缺乏。抑郁障碍患者在心境低落的基础上常常伴有其他认知、生理以及行为症状，如注意力不集中、失眠、反应迟钝、行为活动减少及疲乏感。

重度抑郁症障碍也被称为临床抑郁症、重性抑郁症、单相抑郁或者单相障碍，是一种精神疾病。这种精神疾病的典型表现是：患者沉浸于抑郁的情感状态，自尊心降低，对以往感到有趣的活动失去兴趣。是一种对患者的家庭、工作、学习、日常饮食与睡眠,以及其他身体功能产生负面影响的失能状况。目前迫切需要诊断重度抑郁症、双相情感障碍和精神分裂症的生物标志物,因为迄今为止还没有这种标志物[1]。

Kageyama等[2]使用液相色谱飞行时间质谱法对无药物治疗的重度抑郁症($n=9$)、双相情感障碍($n=6$)、精神分裂症($n=17$)患者和健康对照者($n=19$)的血浆样本进行了全面的代谢组学分析。发现神经酸和可的松(cortisone)两种代谢物对疾病的诊断有明显影响,其中神经酸的改变更为显著,详见图5-1。

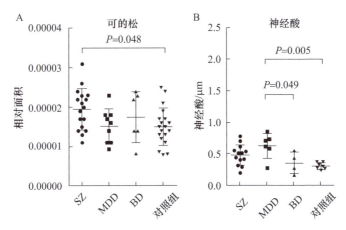

图5-1 精神分裂症、抑郁症、双相情感障碍患者血浆可的松相对浓度(图A),神经酸绝对浓度(图B)与健康对照组的比较

在队列2中验证了精神药物治疗对神经酸的结果和作用的可重复性。队列2为一组独立的用药患者样本集,包括重性抑郁障碍($n=45$)、双相情感障碍($n=71$)、精神分裂症($n=115$)和对照组($n=90$)。结果表明,与对照组和第1组双相情感障碍患者相比,第1组重性抑郁障碍患者的神经酸水平升高,这在独立样本组(第2组)中得以验证。在队列2中,与精神分裂症患者相比,重度抑郁障碍患者的血浆神经酸水平也有所升高。在队列2中,与重度抑郁障碍患者缓解状态和双相情感障碍患者抑郁状态下的水平相比,重度抑郁障碍患者抑郁状态下的神经酸水平增加。这些结果表明血浆神经酸是一个很好的重性抑郁障碍抑郁状态的候选生物标志物(图5-2)。

Kageyama等[2]的结果表明,血浆神经酸水平在重度抑郁症患者中增加,据报道这些患者的白质完整性受损[3-4]。因此,血浆神经酸水平的升高可能反

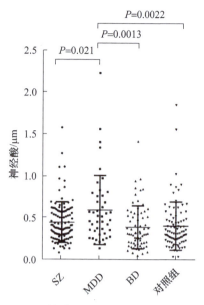

图 5-2 精神分裂症、重度抑郁障碍、双相情感障碍患者血浆神经酸绝对值的比较

映了重度抑郁症患者的脑白质功能障碍。在双相情感障碍和精神分裂症患者中也报道了白质功能障碍[5-6]。为什么血浆神经酸水平仅在重度抑郁症患者中升高？一种可能性是重度抑郁症患者脑白质功能障碍的原因与双相情感障碍和精神分裂症患者相比可能不同[7]。尽管鞘磷脂在形成髓鞘的少突胶质细胞中含量丰富，但它也存在于神经元细胞的脂筏中，这影响了神经递质信号传导的效力和功效，与神经和精神疾病有关[8]。

除此之外，也有研究报道脑脊液中的神经酸与抑郁症状呈显著负相关，与躁狂症状呈正相关[9]。因此，脑脊液中的神经酸水平可能是情绪症状的候选生物标志物。

第二节 失 眠 症

根据世界卫生组织统计，全球睡眠障碍率达27%。而中国睡眠研究会2016年公布的睡眠调查结果显示，中国成年人失眠发生率高达38.2%，其中老年人失眠发病率高达60%，失眠率明显偏高。超过3亿中国人有睡眠障碍，且这个数据仍在逐年递增中。

失眠症是全球性高发疾病，主要表现为入睡困难、夜间觉醒、早醒及日间功能障碍等，严重影响了患者的生活质量、工作和学习效率，甚至引发各类疾病[10]。正常睡眠对人体精力恢复至关重要，研究表明，能量代谢变化具有昼夜节律性[11]。失眠症由于持续存在"不能解乏的睡眠"，睡眠障碍可能加剧代谢失调，并且降低昼夜节律中的幅度[12]，昼夜节律紊乱可导致脂质代谢障碍。

神经酸不仅可以通过加强神经细胞的营养来改善失眠状况，还可使血中丙二醛（MDA）下降，明显增强超氧化物歧化酶（SOD）活性，降低脑细胞内脂褐素的积累，延缓神经细胞衰老，改善因大脑生理衰退而造成的失眠[12]。详见表5-1、表5-2。

表5-1 不同组别血中过氧化脂质降解产物MDA含量

组别	动物数/n	MDA含量/（mmol/mL）($Mean \pm SE$)	组别	动物数/n	MDA含量/（mmol/mL）($Mean \pm SE$)
对照组	8	5.17±0.85	中剂量组	8	4.47±0.46
低剂量组	8	4.89±0.86	高剂量组	8	3.88±0.64*

由表5-1可见，样品各剂量均可以降低血中的过氧化脂质降解产物MDA的含量，其中，高剂量组与对照组比较，差异有统计学意义（$P<0.05$）。

表5-2 不同组别血中SOD活力

组别	动物数/n	SOD活力/（μ/mL）($Mean \pm SE$)	组别	动物数/n	SOD活力/（μ/mL）($Mean \pm SE$)
对照组	8	28.84±6.89	中剂量组	8	31.56±4.48
低剂量组	8	33.43±10.40	高剂量组	8	39.93±5.90*

由表5-2可见，与对照组相比，样品各剂量均可提高SOD活力，其中，高剂量组与对照组的比较，差异有统计学意义（$P<0.05$，图5-3）。

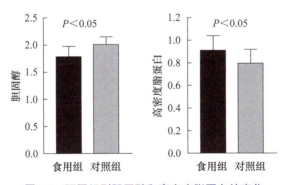

图5-3 不同组别胆固醇和高密度脂蛋白的变化

神经酸可以促进脑内神经递质水平的调节，使各神经细胞间的信息传递更快、更准确；恢复大脑正常功能，改善因大脑功能异常所产生的失眠现象。神经酸能够促进受损脑细胞修复并疏通神经信息传递的通路，重建功能完善的神经网络，通过调节中枢神经递质的平衡来调治失眠[12]。

神经酸具有明显降低血脂和血液黏度，抑制血小板凝聚，增加高密度脂蛋白，改善动脉硬化，延缓衰老的功能，可通过降低心脑血管疾病等生理因素，改善中老年人失眠[12]。

第三节 焦 虑

焦虑症通常持续6个月或以上，表现为过度的焦虑、担忧、恐惧、紧张并伴有疲劳、易怒、睡眠和饮食障碍等，且在女性中更为常见。目前焦虑症全球患病率为7.3%～28.0%，在中国其终生患病率为7.6%，焦虑症被世界卫生组织列为全球致残疾病中的第6位[13]。

2021年《柳叶刀》上发表了一篇综述，提出新冠肺炎加剧了全球抑郁和焦虑的患病率。该研究发现，若无疫情影响，2020年全球患病率估测为3824.9/10万，即全球共2.98亿人患焦虑症。新冠肺炎疫情暴发后，患病率上升为4802.4/10万，即全球共3.74亿人患焦虑症（图5-4）。也就是说，疫情导致2020年全球焦虑症患病人数增加了约0.76亿，增加幅度约25.6%[14]。可见，新冠肺炎疫情会导致焦虑症与抑郁症患病率上升，且幅度均大于25%。

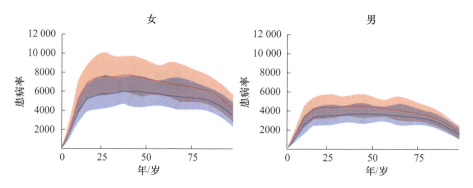

图5-4 2020年新冠肺炎疫情前后不同年龄和性别焦虑障碍的全球患病率

研究人员对性别和年龄进行亚组分析，结果显示：女性、年轻人的焦虑症患病率更容易受到新冠肺炎疫情影响。就性别而言，2020年受到新冠肺炎疫情影响，女性焦虑症增加了5180万例，增加幅度27.9%；男性增加了2440万例，增加幅度21.7%。也就是说，对于焦虑症的患病率，疫情对女性的影响远大于男性。

焦虑症的发病机制无论是"中枢说"也好，还是"周围说"也好，其根本都在于神经细胞对某些神经递质的摄取机制出了问题，导致神经信息异常传递，整个系统无法正常运行。神经酸不仅可以进行营养疗法，还可以调节脑内神经递质的水平，使各神经细胞间的信息传递更快、更准确。

神经酸能促进突触重建，改变受体表达水平，在完成第一步救活神经元后，还可促使神经元周围长出很多新的侧芽、树突，逐渐构建新的突触连接，重建功能完善的神经网络，从而加强了神经递质的摄取、传递，从根本上消除引起焦虑的物质因素，从而使患者恢复正常精神状态[12]。

第四节 炎症性肠病

临床流行病数据显示，炎症性肠病（inflammatory bowel disease，IBD）患者的结直肠癌发病率远高于正常人群。在中国，2018年结直肠癌新发病例和死亡病例分别增至52.1万例和24.5万例，结直肠癌在全部恶性肿瘤发病率排名由第3位升至第2位[15]。

梁婵华等[16]的研究发现，元宝枫籽油能有效缓解脂多糖（LPS）诱导肠道损伤小鼠体质量减轻和结肠缩短，抑制结肠组织上皮细胞凋亡，修复炎症反应所致肠黏膜损伤，进而恢复肠道屏障功能。

图5-5的结果显示，采用元宝枫籽油干预能通过下调NLRP3炎性小体

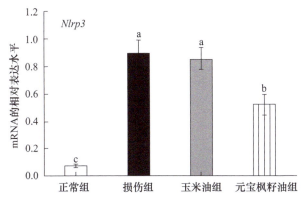

图5-5 元宝枫籽油对LPS损伤小鼠结肠组织中NOD样受体蛋白3（*Nlrp3*）、凋亡相关斑点样蛋白（*Asc*）、半胱氨酸蛋白酶-1（*Caspase1*）和白细胞介素1β（*IL-1β*）的mRNA转录影响

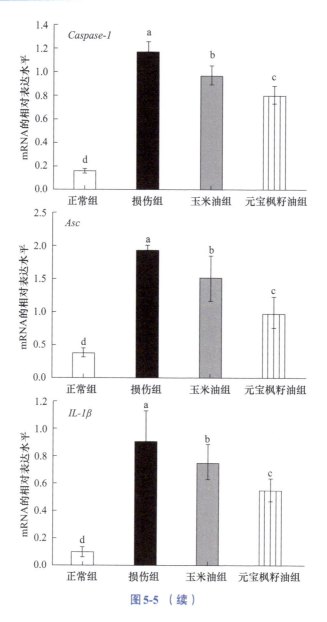

图 5-5 （续）

相关分子 Nlrp3、Asc、Caspase-1 和 IL-1β 的 mRNA 表达来改善肠道炎症反应。

此外，图 5-6、图 5-7 显示，元宝枫籽油还能减少结肠炎小鼠血清与结肠组织中炎性细胞因子（TNF-α、IL-1β、IL-6 和 IL-18）的生成，降低结肠中髓过氧化物酶（MPO）活性及丙二醛（MDA）水平。因此，表明元宝枫籽油对肠道炎性损伤小鼠具有较好的组织修复和抗炎作用。

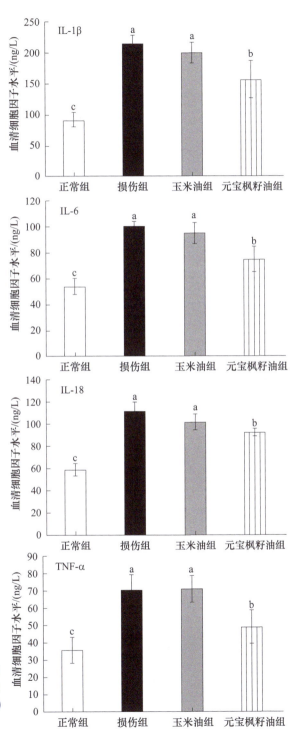

图5-6 元宝枫籽油对LPS损伤小鼠血清中IL-1β、IL-6、IL-18和肿瘤坏死因子-α（TNF-α）含量的影响

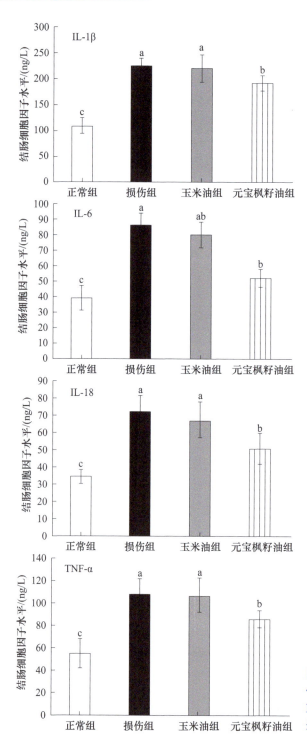

图5-7 元宝枫籽油对LPS损伤小鼠结肠组织中的IL-1β、IL-6、IL-18和TNF-α含量的影响

第五节　皮肤护理及防治皮肤病

神经酸是细胞膜上重要的结构性化合物，可作为化妆品介质和有效成分应用于皮肤护理。1999年，德国"皮肤医学协会"在其年刊上公布，皮肤干燥是因为角质层的屏障作用受损，特别是角质层缺乏脂质。皮肤护理主要在于预防皮肤失水，并重新修复受损的脂质防护层。多项研究证明，高含量不饱和脂肪酸（如神经酸）的脂质体，不仅可以加强角质层的防护作用，还可以提高皮肤水分含量[12]。其涂在皮肤上30分钟后可以将皮肤湿度提高至40%，每天两次，连续一周使用该脂质体可使皮肤的湿度提高一倍。这是由于神经酸与皮肤细胞的结构相似而能够进入细胞组织间隙并与之结合，加强了角质层的水合功能[17]。

1990年，Gehring用激光双向交流的手段测试了神经酸对血液循环功能的影响，结果表明神经酸能够达到真皮层[12]。因为真皮层的血液循环功能只有在神经酸能达到真皮层的情况下才有可能对其产生影响，而在22名受试者中，所有被测试的神经酸都能影响皮肤血液循环功能。Huschka的实验进一步证实了神经酸和其包裹的维生素（维生素H）可渗入人体皮肤的表皮层和真皮层[12]。角质层对水溶性维生素而言几乎是一个无法逾越的屏障，只有借助神经酸这一载体，水溶性维生素才可穿透角质层。

第六节　增强免疫力

人体的免疫系统是机体对抗外来病原微生物，如细菌、病毒等传染源侵袭的防卫系统。它是由白细胞、淋巴细胞、巨噬细胞、自然杀伤细胞、树突状细胞和抗体系统等组成的复杂网络系统，包括先天性的免疫系统和获得性的免疫系统，前者是机体与生俱来的免疫功能，后者是机体与病原体战斗而获得的免疫防御功能。人体健全的免疫系统不仅可以保证正常的组织细胞不受免疫细胞的攻击，又能将病原体彻底清除。人体的免疫功能是由复杂的免疫系统实现的，包括免疫因子、免疫细胞和免疫器官[18-19]。

在维持机体健康、预防疾病的发生和发展中具有非常重要的意义。

王熙才等[20]给小鼠口服含有神经酸的元宝枫油来研究神经酸对免疫力的增强作用,结果发现元宝枫油能促进小鼠的脾淋巴细胞增殖、转化,提高小鼠的抗体生成细胞数和血清溶血素水平以及小鼠体内的自然杀伤细胞活性的作用。

表5-3的结果显示:元宝枫油各剂量组小鼠的淋巴细胞转化能力均高于对照组,且各剂量组与对照组的差异均具有统计学意义。

表5-3 元宝枫油对小鼠脾淋巴细胞转化能力的影响

组别	动物数/n	淋巴细胞转化能力 [OD值,($Mean \pm SD$)]
高剂量组(1000 mg/kg)	10	0.2741 ± 0.1011**
中剂量组(500 mg/kg)	10	0.2331 ± 0.0664**
低剂量组(250 mg/kg)	10	0.2193 ± 0.1212*
对照组	10	0.1064 ± 0.0658

注:与对照组比较,*$P<0.05$,**$P<0.01$。

表5-4的结果显示:元宝枫油各剂量组小鼠的抗体生成细胞数均高于对照组,且各剂量组与对照组的差异均具有统计学意义。以上结果说明元宝枫油可以通过提高机体细胞免疫和体液免疫的双重作用而增强机体免疫力。

表5-4 元宝枫油对小鼠抗体生成细胞数量的影响

组别	动物数/n	溶血空斑数 ($1 \times 10/10^4$)($Mean \pm SD$)
高剂量组(1000 mg/kg)	10	180.40 ± 24.19**
中剂量组(500 mg/kg)	10	172.90 ± 20.16**
低剂量组(250 mg/kg)	10	171.90 ± 21.70*
对照组	10	146.10 ± 14.87

注:与对照组比较,*$P<0.05$,**$P<0.01$。

第七节 艾 滋 病

20世纪80年代以来,获得性免疫缺陷综合征(AIDS,又称"艾滋病")已经成为威胁人类健康的重大疾病,且发病人数呈逐年上升趋势。当今国内外在该病的防治上,仍处于探索阶段,尚无根治的药物,艾滋病的防治已成为国际性的重大课题。Mizushina等[21]研究发现,主链上有十八碳以上的长链脂肪酸对哺乳动物DNA聚合酶有抑制作用,特别是顺式结构的不饱和脂肪酸——神经酸,能有效抑制DNA β聚合酶的活性。在C18～C24的长链脂肪酸中,抑制作用最弱的为亚油酸(C18∶2),抑制作用最强的是神经酸(C24∶1)。

Kasai等[22]进一步研究了神经酸对艾滋病逆转录酶(HIV-1)抑制作用的机制。研究发现,DNA聚合酶上的神经酸结合位点与HIV-1逆转录酶上的神经酸结合位点的三维分子结构非常相似。神经酸在HIV-1逆转录酶的作用与其在DNA聚合酶上4个氨基酸残基形成的结合形式是相同的。神经酸能够剂量依赖地抑制HIV-1逆转录酶的活性。研究证明,神经酸是HIV-1的强抑制剂。该项研究揭示了神经酸与DNA聚合酶和HIV-1逆转录酶的构效关系。该研究成果为寻找抗艾滋病的有效药物开辟了一条新的途径。

第八节 肥 胖 症

肥胖症指体内脂肪堆积过多或分布异常导致体质量增加,由遗传因素、环境因素等多种因素相互作用导致的慢性代谢性疾病。超重和肥胖已经在全球非常流行。脂质紊乱会导致肥胖的不良后果。作者以前证明了神经酸(C24∶1的ω-9脂肪酸)主要酰化成神经鞘脂,包括神经酰胺,在肥胖的小鼠模型中选择性地减少。一些人体研究显示,肥胖和代谢综合征患者循环神经酸减少。Keppley等[23]给小鼠被喂以标准饮食(CNT)、高脂肪饮食(HFD)或这些饮食中等热量补充的神经酸(CNT+NA、HFD+NA)。主要目的是确定饮食中神经酸的含量是否改变了喂食高脂肪饮食的小鼠的代谢表型。此外,研究还观察了神经酸是否会改变肝脏中受损脂肪酸氧化的标志物。不同喂养方式小鼠神经酰胺水平的比较见图5-8,对体质量的影响见图5-9。

研究观察到,富含神经酸的等热量饮食减少了喂养高脂肪饮食小鼠的体质量增加和脂肪含量。丰富的神经酸导致C24∶1-角蛋白的增加,并改善了血糖水平、胰岛素和葡萄糖耐量等代谢参数。从机制上讲,神经酸的补充增加了(PPARα)和(PGC1α)的表达,并改善了肝脏中的酰基肉碱

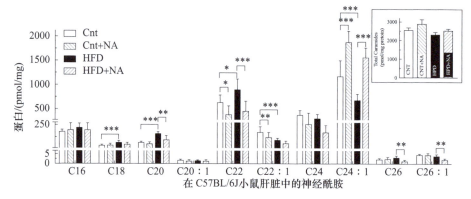

图 5-8 不同喂养方式小鼠神经酰胺水平的比较

注：通过（LC-MS/MS）评估来自雄性 C57Bl6/J 小鼠（$n=10$）的肝脏样品的神经酰胺组成，所述雄性 C57BL 6/J 小鼠喂食对照或 60% 高脂肪食物，或补充有神经酸（0.6%）的等热量饮食。

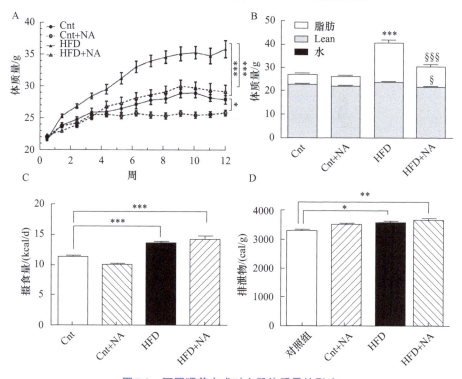

图 5-9 不同喂养方式对小鼠体质量的影响

状况。这些改变表明，通过增加脂肪酸的 β-氧化作用，能量代谢得到改善。总之，增加饮食中的神经酸可以改善喂养高脂肪饮食的小鼠的代谢参数。补充神经酸可能是治疗肥胖症和肥胖症相关并发症的有效策略。

第九节 神经酸与肠道菌群

研究表明，元宝枫籽油是目前已知的食用油料中神经酸含量较高的油，而神经酸具有保护和修复脑神经损伤、改善老年痴呆、促进大脑发育等功效[23-24]。肠道菌群是人体最大的微生态系统，对人体的物质和能量代谢具有重大影响。肠道菌群的构成受到饮食等各种环境因素的影响[25]。肠道菌群与宿主进行着活跃的代谢交换和共代谢，参与机体的免疫调剂、神经调节、物质消化和吸收等诸多方面内容[26-27]。肠-脑轴是肠和脑之间的信息交流系统途径，越来越多的研究发现，肠道菌群能够通过脑-肠轴影响脑的活动甚至宿主行为[28]。大量研究表明脂质的摄入会影响机体脂代谢、肠道微生物菌群及肠道微环境[29-31]。

孙朋浩等[32]研究表明，在正常小鼠饲料中增加元宝枫籽可提高小鼠肠道厚壁菌门与拟杆菌门的比值，降低小鼠肠道中葡萄球菌属（*Staphylococcus*）和放线杆菌门（*Acinetobacter*）的丰度（图5-10），说明元宝枫籽可

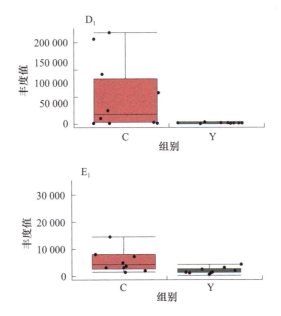

图5-10 饲料中增加元宝枫籽可降低小鼠肠道*Staphylococcus*（左）和*Acinetobacter*（右）丰度

以影响小鼠肠道菌群的结构组成，同时对机会性致病菌有一定的抑菌作用。

陈显扬等[33]研究表明，元宝枫籽油可显著降低正常大鼠肠道厚壁菌门、疣微菌门、放线菌门、艾克曼菌和 *Paramuribaculum* 菌等丰度，显著增加拟杆菌门、拟杆菌和普雷沃氏菌属-NK3B31等丰度。其中第1天和第7天连续变化的代谢物PC（24：1/16：0）与乳杆菌属、拟杆菌和普雷沃氏菌_UCG-001呈显著正相关，与罗姆布茨菌、瘤胃球菌_UCG-013、瘤胃球菌_UCG-014和毛螺菌_NK4A136_group呈显著负相关。说明服用元宝枫籽油可改善机体肠道菌群，调节肠道菌群的动态平衡。元宝枫籽油膳食补充对大鼠肠道菌群结构的影响见图5-11。

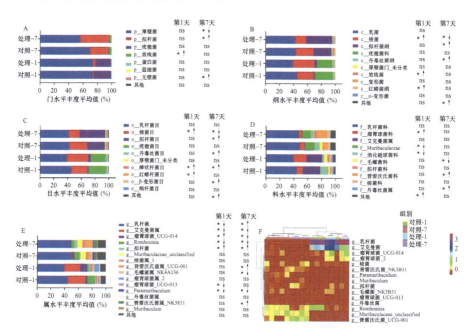

图5-11　元宝枫籽油膳食补充对大鼠肠道菌群结构的影响

注：A为门水平；B为纲水平；C为目水平；D为科水平；E为属水平；F为属水平热图；与对照组比较，*$P<0.1$。

安玉红等[34]，研究表明元宝枫籽油有降低实验小鼠体质量、腰围、Lee's指数、腹腔脂肪重和血清中甘油三酯、总胆固醇和低密度脂蛋白胆固醇（LDL-C）的含量；有降低小鼠盲肠内容物中游离氨、氨态氮、硫化氢和pH值的作用，可增加盲肠内容物中丁酸、戊酸和丙酸的含量；可促进肠道有益微生物的生长，抑制有害菌的作用。说明元宝枫籽油可改善因高脂膳食引起的小鼠脂代谢紊乱和促进肠道健康的作用。元宝枫籽油对小鼠盲肠内容物中微生物的影响见表 5-5。

表5-5 元宝枫籽油对小鼠盲肠内容物中微生物的影响 [$n=15$, lg (copies) /g]

分组	乳酸杆菌	肠杆菌	双歧杆菌	肠球菌	梭菌	拟杆菌
空白组	6.44±0.18^a	5.77±0.09^c	12.11±0.15^a	9.17±0.16^d	13.91±0.22^a	10.55±0.17^c
模型组	4.58±0.17^d	7.16±0.12^a	9.88±0.18^c	11.81±0.18^a	9.77±0.19^c	12.21±0.19^a
高剂量组	5.71±0.13^c	6.26±0.18^b	11.16±0.12^b	9.55±0.18^b	12.48±0.17^b	11.65±0.26^b
低剂量组	5.24±0.10^b	6.58±0.15^b	10.85±0.22^b	10.14±0.10^c	11.81±0.25^b	11.82±0.15^b

注：a、b、c、d 不同字母表示试验各组之间存在显著差异（$P<0.05$）。

参 考 文 献

[1] 陈丽萍, 潘集阳. 重性抑郁障碍患者文拉法辛治疗前后炎性细胞因子的变化 [J]. 中华行为医学与脑科学杂志, 2020, 29 (7): 607-612.

[2] KAGEYAMA Y, KASAHARA T, NAKAMURA T, et al. Plasma nervonic acid is a potential biomarker for major depressive disorder: a pilot study [J]. Int J Neuropsychopharmacol, 2018, 21 (3): 207-215.

[3] NOBUHARA K, OKUGAWA G, SUGIMOTO T, et al. Frontal white matter anisotropy and symptom severity of late-life depression: a magnetic resonance diffusion tensor imaging study [J]. J Neurol Neurosurg Psychiatry, 2006, 77 (1): 120-122.

[4] LI L, MA N, LI Z, et al. Prefrontal white matter abnormalities in young adult with major depressive disorder: a diffusion tensor imaging study [J]. Brain Res, 2007, 1168: 124-128.

[5] SUSSMANN J E, LYMER G K, MCKIRDY J, et al. White matter abnormalities in bipolar disorder and schizophrenia detected using diffusion tensor magnetic resonance imaging [J]. Bipolar Disord, 2009, 11 (1): 11-18.

[6] SKUDLARSKI P, SCHRETLEN D J, THAKER G K, et al. Diffusion tensor imaging white matter endophenotypes in patients with schizophrenia or psychotic bipolar disorder and their relatives [J]. Am J Psychiatry, 2013, 170 (8): 886-898.

[7] JOHNSTON-WILSON N L, SIMS C D, HOFMANN J P, et al. Disease-specific alterations in frontal cortex brain proteins in schizophrenia, bipolar disorder, and major depressive disorder. The Stanley Neuropathology Consortium [J]. Mol Psychiatry, 2000,

5 (2): 142-149.

［8］ ALLEN J A, HALVERSON-TAMBOLI R A, RASENICK M M. Lipid raft microdomains and neurotransmitter signalling [J]. Nat Rev Neurosci, 2007, 8 (2): 128-140.

［9］ KAGEYAMA Y, DEGUCHI Y, HATTORI K, et al. Nervonic acid level in cerebrospinal fluid is a candidate biomarker for depressive and manic symptoms: A pilot study [J]. Brain Behav, 2021, 11 (4): e02075.

［10］ 王曜晖, 赵智权, 杜运松, 等. 昼夜节律与脂质代谢关系的研究进展 [J]. 山东医药, 2018, 58 (10): 99-102.

［11］ MÖLLER-LEVET C S, ARCHER S N, BUCCA G, et al. Effects of insufficient sleep on circadian rhythmicity and expression amplitude of the human blood transcriptome [J]. Proc Natl Acad Sci USA, 2013, 110 (12): 1132-1141.

［12］ 侯镜德, 陈至善. 神经酸与脑健康 [M]. 北京: 中国科学技术出版社, 2006.

［13］ RODRIGUES P A, ZANINOTTO A L, NEVILLE I S, et al. Transcranial magnetic stimulation for the treatment of anxiety disorder [J]. Neuropsychiatr Dis Treat, 2019, 15: 2743-2761.

［14］ COVID-19 Mental Disorders Collaborators. Global prevalence and burden of depressive and anxiety disorders in 204 countries and territories in 2020 due to the COVID-19 pandemic [J]. Lancet, 2021, 398 (10312): 1700-1712.

［15］ 李延青. 我国现阶段结直肠癌筛查新模式: 机会性筛查 [J]. 中华医学信息导报, 2020, 35 (22): 18.

［16］ 梁婵华, 黄妍, 莫敏敏, 等. 元宝枫籽油改善脂多糖诱导的小鼠肠道炎症 [J]. 现代食品科技, 2021, 37 (10): 37-45, 6.

［17］ 王性炎, 王姝清. 神经酸研究现状及应用前景 [J]. 中国油脂, 2010, 35 (3): 1-5.

［18］ 金文泉. 好营养, 让你吃出免疫力 [J]. 食品与生活, 2012, 34 (4): 56-59.

［19］ BOISSONNAS A, FETLER L, ZEELENBERG I S, et al. In vivo imaging of cytotoxic T cell infiltration and elimination of a solid tumor [J]. J Exp Med, 2007, 204 (2): 345-356.

［20］ 王熙才, 左曙光, 邱宗海, 等. 艾舍尔软胶囊增强小鼠免疫力的实验研究 [J]. 昆明医学院学报, 2008, 29 (6): 71-75, 89.

［21］ MIZUSHINA Y, YOSHIDA S, MATSUKAGE A, et al. The inhibitory action of fatty acids on DNA polymerase beta [J]. Biochim Biophys Acta, 1997, 1336 (3): 509-521.

［22］ KASAI N, MIZUSHINA Y, SUGAWARA F, et al. Three-dimensional structural model analysis of the binding site of an inhibitor, nervonic acid, of both DNA polymerase beta and HIV-1 reverse transcriptase [J]. J Biochem, 2002, 132 (5): 819-828.

[23] KEPPLEY L, WALKER S J, GADEMSEY A N, et al. Nervonic acid limits weight gain in a mouse model of diet-induced obesity [J]. FASEB J, 2020, 34 (11): 15314-15326.

[24] YANG R, ZHANG L, LI P, et al. A review of chemical composition and nutritional properties of minor vegetable oils in China [J]. Trends Food Sci Technol, 2018, 74: 26.

[25] 王性炎, 谢胜菊, 王高红. 中国富含神经酸的元宝枫籽油应用研究现状及前景 [J]. 中国油脂, 2018, 43 (12): 93-95, 104.

[26] HORIE M, MIURA T, HIRAKATA S, et al. Comparative analysis of the intestinal flora in type 2 diabetes and nondiabetic mice [J]. Exp Anim, 2017, 66 (4): 405-416.

[27] BERCIK P, DENOU E, COLLINS J, et al. The intestinal microbiota affect central levels of brain-derived neurotropic factor and behavior in mice [J]. Gastroenterology, 2011, 141 (2): 599-609, 609. e1-3.

[28] HOOD L. Tackling the microbiome [J]. Science, 2012, 336 (6086): 1209.

[29] YANG Z, MI J, WANG Y, et al. Effects of low-carbohydrate diet and ketogenic diet on glucose and lipid metabolism in type 2 diabetic mice [J]. Nutrition, 2021, 89: 111230.

[30] TANG C, KONG L, SHAN M, et al. Protective and ameliorating effects of probiotics against diet-induced obesity: A review [J]. Food Res Int, 2021, 147: 110490.

[31] DUAN R, GUAN X, HUANG K, et al. Flavonoids from whole-grain oat alleviated high-fat diet-induced hyperlipidemia via regulating bile acid metabolism and gut microbiota in mice [J]. J Agric Food Chem, 2021, 69 (27): 7629-7640.

[32] 孙朋浩, 薛玉环, 吴永继, 等. 元宝枫籽对小鼠肠道菌群生态的影响 [J]. 食品科学, 2020, 41 (11): 184-193.

[33] 陈显扬, 宋王婷, 韩佳睿, 等. 元宝枫籽油在用于制备改善肠道菌群药物中的应用: 中国: CN202010816582.6 [P]. 2020-09-29.

[34] 安玉红, 关天琪, 郭艳红, 等. 元宝枫籽油对高脂膳食小鼠脂代谢及肠道健康的影响 [J]. 中国油脂, 2022, 47 (8): 103-108.

第六章
神经酸的开发利用前景

据报道,神经酸最早来源于鲨鱼大脑[1]。由于动物性原料来源有限,且提取难度大、成本高,纯度为98%以上的神经酸每千克售价约为18万美元。

目前国内外市场上神经酸缺口很大,所以研究者将目光转向植物。20世纪90年代,浙江大学神经酸项目研究中心以侯镜德教授为首的科学家团队,历经8年的探索攻关,首次从我国特有的木本植物中成功分离、提取出了高纯度的神经酸[2-3],并研制出神经酸的口服剂型。2005年王性炎教授等[4]从槭树乔木元宝枫的果油中也发现了神经酸。我国成功从植物中获得高纯度神经酸的重大成果引起国际科学家的高度重视和评价。美国著名脑病专家"人类脑计划"核心成员迈凯文博士说:"中国成功地从天然植物中研制出神经酸,打破了从鲨鱼中提取的巨大局限,开创了脑病科学史上的新纪元。"欧洲"脑的十年"联合专家委员会加德杨博士说:"中国的口服神经酸是人类脑病医学史上划时代的杰出成果"。研究人员对神经酸产品进行功能检测及临床试验证明,服用神经酸3个月后,脑卒中后遗症、老年痴呆、帕金森、脑瘫、脑萎缩、脑外伤、记忆力减退等脑疾病平均显效率为96.6%、有效率为92.8%[5]。

元宝枫(*Acer truncatum*)是中国含神经酸木本植物的一个特有树种,其种子含油量较高(45%~48%),且资源丰富,目前仍是提取神经酸的主体资源。元宝枫油脂肪酸组成中含有3%~9%的神经酸,含神经酸植物在自然界中分布较少,国际市场上神经酸资源主要来自深海鱼类,与深海鱼类相比,元宝枫是可持续利用的神经酸新资源[4]。中华人民共和国国家卫生健康委员会批准使用元宝枫籽油作为新资源食品(2011年发布的第9号公告),顺-15-二十四碳烯酸食品原料的安全性评估材料见表6-1。目前最常见萃取元宝枫籽油的方法有冷榨法、有机溶剂浸出法、水酶法、超临界流体萃取法等。

表 6-1　顺-15-二十四碳烯酸食品原料的安全性评估材料

新资源食品管理办法	食用量	≤300 mg/d
	适用食品类别	①婴幼儿不宜食用，标签及说明书中应当标注不适宜人群；②使用范围：食用油、脂肪和乳化脂肪制品、固体饮料、乳制品、糖果、方便食品
	批准日期	2017-05-31
	公告号	2017年第7号
	公告标题	关于乳木果油等10种新食品原料的公告
质量要求	性状	白色片状晶体
	熔点	41～43℃
	顺-15-二十四碳烯酸（g/100g）	≥85
	水分及挥发物（g/100g）	≤3
	灰分（g/100g）	≤3
生物活性	顺-15-二十四碳烯酸（cis-15-tetracosenoic acid）是一种长链非饱和脂肪酸，在鞘磷脂中富集，可增强脑功能和阻止脱髓鞘	

近年来，神经酸的分离纯化工艺日趋成熟，获得高纯度的神经酸并开发出相关的功能性产品是科技界和企业家的共同目标。越来越多的人已经专注于神经酸的营养、医学和生物学价值。目前神经酸主要应用于食品及保健品领域。虽然我国的神经酸开发起步稍晚，但产品种类比较丰富。神经酸的开发利用日益向多方面发展，因其功能的多样性可考虑继续开发出多种促进大脑发育、抗疲劳、改善记忆、降血脂、延缓衰老、治疗老年痴呆等多功能的保健制品，其适应的年龄层广泛，有广阔的经济前景[6]。然而，化学合成收率较低，天然来源有限和价格高被认为是神经酸大规模工业化生产的主要限制因素[7]。近年来，中国的特有树种——元宝枫被发现富含神经酸，虽然其种子油中的神经酸含量仅为5.5%，但其种植面积却很大，为工业化生产含有神经酸的食品和药物提供了充足的原料。

第一节　以神经酸为标志物的筛查试剂盒

脑白质筛查试剂盒：脑白质是中枢神经系统的重要组成部分，是神经纤维聚集的地方。脑白质主要由神经纤维构成，而神经纤维分有髓和无髓两种。有髓神经纤维的外周有髓样结构包裹，称为髓鞘。髓鞘伴轴突一起生长，并反复包卷轴突多次，形成多层同心圆的螺旋"板层"样结构，其主要化学成分是类脂质和蛋白质，习惯上称为髓磷脂。由于类脂质约占髓鞘的80%，带离子的水不容易通过，而起"绝缘"作用。当其受损时，较多水进入髓磷脂内，引起脑白质的水含量增加。

　　髓鞘形成是脑白质发育的最后阶段。胎儿在宫内第3～6月时，一直到20岁，脑白质的髓鞘都在不断的更新及发育。后天性脑白质疾病的病灶在脑内呈弥散分布，通常病灶较小，不引起脑形态结构的显著改变，但是各种脑白质病的晚期均导致脑萎缩。少数先天性脑白质疾病可引起脑体积增大。

　　脑白质病变病因复杂多样，可分为脱髓鞘性、缺血性、炎症和先天发育不良等原因。脱髓鞘性脑白质病包括多发硬化、进行性多灶性脑白质病、急性散发性脑脊髓炎、亚急性硬化性全脑炎、脑桥中央髓鞘溶解症。这类病的主要病理改变为髓鞘膜的改变及损伤。缺血性脑白质病变的主要机制是由于脑白质对血流具有高敏感性，当局部组织发生血运障碍时，损伤机体脑白质髓鞘和少突胶质细胞等结构。病理表现为大脑皮层下或脑室旁白质区出现点状或片状或弥漫性融合病灶，使脑部相对应功能区的信号传导产生障碍，导致脑卒中发生率增高，也可引发认知功能障碍，严重影响患者生命健康和生存质量。发育不良的疾病包括肾上腺脑白质营养不良、异染性脑白质营养不良、类球状细胞型脑白质营养不良等疾病。其中肾上腺脑白质营养不良病理特点是中枢神经进行性脱髓鞘以及肾上腺皮质萎缩或发育不良，发病年龄多在3～12岁儿童，偶见于成年人。

　　目前在临床上针对脑白质病变的治疗方法主要是激素及免疫抑制剂疗法。一直以来，探索和研发治疗脑白质病变的有效药物，是神经医学领域研究的非常紧迫的任务。近年来的研究表明，神经酸是大脑神经细胞和神经组织的核心天然成分，神经酸在大脑和神经组织中含量较高，是生物膜的重要组成物质，通常作为髓质（白质）的标志物，神经酸在人体内很难通过自身合成，因此必须通过外物摄取来补充。神经酸是促进受损神经细胞和组织修复、再生的特殊物质，是神经细胞特别是大脑细胞、视神经细胞、周围神经细胞生长、再发育和维持的必需"高级营养素"，对提高脑神经的活跃程度，防止脑神经衰老有很大作用。众所周知，人体衰老往往是从脑的衰老开始的，大脑的衰老也往往是白质缺少引起的，当摄入神经酸后，大脑白质得到补充，神经元细胞的生物膜组成、结构和功能得到改善，提高了细胞活力，增强了人体正常生命活动的能力。当摄入神经酸后，可在人体内合成鞘糖脂（脑苷脂、神经节苷脂）和鞘磷脂，促进神经纤维髓鞘化，使其外表皮脱落的髓鞘再生，改善硬化状况，促进受损神经纤维的恢复。神经酸能有效预防心脑血管疾病、老年痴呆等疾病的发生。加拿大国家研究院动物生物技术学院研究发现，动物神经酸即人脑神经酸对帕金森病、老年痴呆具有显著治疗作用。宝枫生物根据元宝枫籽油中神经酸对脑白质病作用做了大量的研究，并取得了相关的专利：《用于诊断脑白质病变的生物标志物及其应用CN112798771B》《用于诊断脑白质病变的生物标志物F7及其应用CN112798727B》《用于诊断脑白质病患者患脑梗死的生物标志物及其应用CN113447600B》《用于诊断脑白质病患者患脑梗死的生物标志物及其应用CN113433254B》《用于诊断脑梗死及脑白质病变的生物标志物及其应用CN113447601B》《用于诊断脑白质病患者患脑梗死的生物标志物及其应用CN113447599B》《脑白质病变的生物标志物及其应用CN114236019B》《脑白质病变的生物标志物组合及其应用CN114264757B》。

第二节 临床药物

脑组织随着年龄的增长而严重受损，导致神经退行性疾病，如阿尔茨海默病和帕金森病。作为大脑必需的营养素，神经酸可以促进神经末梢的再生和活动，减少神经元中脂褐质的积累。因此，神经酸的摄入对于延缓细胞衰老尤为重要[8]。因为神经酸作为神经系统结构化合物，所以被认为与多数神经疾病非常密切的关系，而且被证明是多种神经疾病的主要分子标志物。

例如，目前临床上对阿尔茨海默病老人进行CT检查，结果很容易发现"脑白质脱髓鞘改变"；更加简单地说，这就是轻度的阿尔茨海默病的前兆。同时，研究表明，神经酸的缺乏会引起记忆力衰退，失眠健忘，严重还会导致阿尔茨海默病、脑卒中和脑瘫。2015年*Scientific Reports*专门报道了，神经酸参与神经节苷脂的合成，缺乏神经酸会导致阿尔茨海默病的发生。

神经酸是一种神经营养因子,对脑神经系统发育生长有明显疗效。为了提高对大脑疾病的治疗,经不断研究表明,神经酸能增强免疫功能和防治艾滋病,对齐薇格综合症、心血管系统疾病、肾上腺脑白质营养不良(ALD)、脑组织生长和修复、多发性硬化症、抗肿瘤有明显治疗和预防效果。这丰富了脑病的治疗途径,医疗界探索出一条有前途光明的治疗手段。

2006年以来,我国神经酸行业相关专利的申请数量呈现波动增长的态势。2012年,神经酸行业相关专利申请数量为5件;2017年,神经酸行业相关专利申请数量为57件,创近年来专利申请数量的峰值。宝枫生物根据元宝枫籽油中的神经酸的作用做了大量的研究,并取得了相关的专利:包括《用于诊断认知障碍的生物标志物及其应用CN111679018B》《用于诊断认知障碍的生物标志物及其应用CN111929430B》《用于诊断缺血缺氧性脑病补充神经酸起效的生物标志物及其应用CN113495161B》《用于诊断高原环境下的缺血缺氧性脑病补充神经酸起效的分子标志物及其应用CN113495160B》。以上结果都说明了神经酸作为神经系统药物的潜力。

第三节 特医营养食品

神经酸作为自然产物,富含于母乳中,为婴儿大脑发育提供必备的营养元素。神经酸是中枢神经系统中各种鞘脂类中最重要的脂肪酸之一,其在早产儿红细胞鞘磷脂中的水平可能反映大脑成熟度[9-10]。因为其碳链很长,合成效率缓慢,所以随着人的成长,神经酸开始逐渐消耗;碍于血脑屏障以及神经酸的食物来源非常有限,所以人体很难得到补充,当神经酸缺乏或者不足的时候,就会出现脑功能障碍;反之,人体获得正常的神经酸补充,就会有利于脑健康的维持。所以,大脑发育期的青少年,用脑过度的脑力劳动者,以及中老年人进行神经酸的补充是非常重要的。最新的研究也发现,重要的矿质元素也通过神经酸发挥作用,如果神经酸缺乏则容易造成系统性的营养缺失。

有人提出神经酸参与早期阶段的受精卵分裂。胎儿从母亲的胎盘中接受神经酸,而婴儿从乳汁中接受神经酸。妊娠期缺乏神经酸会导致胎儿或婴儿脑细胞中的磷脂缺乏,这将影响脑细胞的发育并导致各种神经系统和视觉障碍[11]。

Farquharson等[12]研究了饮食对婴儿大脑中磷脂脂肪酸组成的影响，发现足月婴儿和早产儿在配方奶中补充二十二碳六烯酸和花生四烯酸被证明有利于随后的大脑发育。根据婴幼儿的饮食特点，婴幼儿难以从一般食物中获得足够的神经酸，尤其是早产儿，从母乳中获取这种物质非常重要[12]。因此，在早产儿和幼儿的母乳中适当补充神经酸，有助于促进他们的大脑发育，提高新生儿和婴幼儿的智力素质。奶粉中的神经酸含量远低于母乳。因此，有必要在奶粉中补充神经酸。

第四节 其 他

生活中常见的眼酸、眼胀、视疲劳，其实都是神经过度疲劳后的人体反应。

神经酸作为神经发育必需的核心物质，是神经细胞膜的重要组成部分，补充后能恢复并促进新的视神经网络形成，提高神经细胞的活性，促进神经细胞再生。所以在改善视力、延缓眼睛衰老等方面功效显著。经常摄入有健脑益智，保护视力，延缓衰老，预防眼部病变等功效。补充神经酸可以改善血液微循环，对眼部毛细血管的血脂、血压、血糖有明显效果。

含有神经酸的油脂和乳制品、固体饮料、方便食品和膳食补充剂已在许多国家得到推广。随着人们对脑功能和脑健康的日益重视，神经酸等功能性脂质的应用前景将更加广阔。

参 考 文 献

[1] 吴时敏. 功能性油脂 [M]. 北京: 中国轻工业出版社, 2001.

[2] 侯镜德, 袁晓悟, 吴清洲. 神经酸的表征 [J]. 现代科学仪器, 1996, (4): 29-30.

[3] 候镜德, 袁晓悟, 胡伟, 等. 金属盐沉淀法分离神经酸 [J]. 生物技术, 1996, 6 (1): 39-41.

[4] 王性炎. 中国元宝枫 [M]. 咸阳: 西北农林科技大学出版社, 2013.

[5] 王性炎, 王姝清. 神经酸新资源——元宝枫油 [J]. 中国油脂, 2005, 30 (9): 62-64.

[6] 赵立言, 于炎冰, 张黎. 神经酸研究现状及前景 [J]. 中华神经外科疾病研究杂志,

2017, 16 (3): 282-285.

［7］ GIWA A S, ALI N. Perspectives of nervonic acid production by Yarrowia lipolytica [J]. Biotechnol Lett, 2022, 44 (2): 193-202.

［8］ VOZELLA V, BASIT A, MISTO A, et al. Age-dependent changes in nervonic acid-containing sphingolipids in mouse hippocampus [J]. Biochim Biophys Acta Mol Cell Biol Lipids, 2017, 1862 (12): 1502-1511.

［9］ BABIN F, SARDA P, LIMASSET B, et al. Nervonic acid in red blood cell sphingomyelin in premature infants: an index of myelin maturation? [J]. Lipids, 1993, 28 (7): 627-630.

［10］ KEPPLEY L, WALKER S J, GADEMSEY A N, et al. Nervonic acid limits weight gain in a mouse model of diet-induced obesity [J]. FASEB J, 2020, 34 (11): 15314-15326.

［11］ HURTADO J A, IZNAOLA C, PEÑA M, et al. Effects of Maternal Ω-3 Supplementation on Fatty Acids and on Visual and Cognitive Development [J]. J Pediatr Gastroenterol Nutr, 2015, 61 (4): 472-480.

［12］ FARQUHARSON J, COCKBURN F, PATRICK W A, et al. Infant cerebral cortex phospholipid fatty-acid composition and diet [J]. Lancet, 1992, 340 (8823): 810-813.